Wissenschaftliche Reihe Fahrzeugtechnik Universität Stuttgart

Reihe herausgegeben von

André Casal Kulzer, Stuttgart, Deutschland

Hans-Christian Reuss, Stuttgart, Deutschland

Andreas Wagner, Stuttgart, Deutschland

Das Institut für Fahrzeugtechnik Stuttgart (IFS) an der Universität Stuttgart forscht interdisziplinär sowie technologieoffen an modernen und zukunftsorientierten Fahrzeugkonzepten. In enger Zusammenarbeit mit Partnern aus Industrie und Wissenschaft entstehen neue Lösungen für die Mobilität der Zukunft. Das Institut gliedert sich in drei spezialisierte Lehrstühle, die gemeinsam das gesamte Spektrum der Fahrzeugtechnik abdecken: Der **Lehrstuhl für Fahrzeugantriebssysteme** widmet sich der Forschung nachhaltiger Antriebslösungen für künftige Mobilitätskonzepte. Im Fokus stehen alternative, elektrische sowie hybride Antriebssysteme und deren Komponenten – einschließlich der Nutzung nachhaltiger Energieträger wie Wasserstoff, synthetischer Kraftstoffe und Batterien. Der **Lehrstuhl für Kraftfahrzeugmechatronik** beschäftigt sich mit vernetzten, intelligenten und adaptiven Fahrzeugen. Im Zentrum stehen Fragestellungen zum Automatisierten und Vernetzten Fahren, Diagnose, Ladetechnologien, verteilte Systeme sowie softwarebasierte Fahrzeugfunktionen. Der **Lehrstuhl für Kraftfahrwesen** erforscht die physikalischen Grundlagen der Auslegung zukünftiger Fahrzeugkonzepte. Im Mittelpunkt stehen die Bereiche Aerodynamik, Windkanaltechnik, Akustik/NVH, Fahrzeugdynamik, Reifenmanagement und Thermomanagement Gesamtfahrzeug. Das IFS verfügt über eine vielfältige und hochmoderne Forschungsinfrastruktur, die realitätsnahe Untersuchungen vom Einzelbauteil bis zum Gesamtfahrzeug ermöglicht. Besonders hervorzuheben sind der Multikonfigurations- und Antriebsprüfstand für komplexe Antriebskonzepte, der Stuttgarter Fahrsimulator zur Untersuchung menschlichen Fahrverhaltens, der Aeroakustik-Fahrzeugwindkanal für akustische und strömungstechnische Fragestellungen sowie der Thermowindkanal zur Analyse thermischer Prozesse im Gesamtfahrzeug. Die wissenschaftliche Reihe „Fahrzeugtechnik Universität Stuttgart" dokumentiert die im Rahmen von Promotionen am IFS entstandene Beiträge zur Mobilität der Zukunft und zeigt deren thematische Vielfalt, methodische Tiefe und Praxisrelevanz.

Reihe herausgegeben von

Prof. Dr.-Ing. André Casal Kulzer
Lehrstuhl Fahrzeugantriebssysteme
Institut für Fahrzeugtechnik Stuttgart
Universität Stuttgart
Stuttgart, Deutschland

Prof. Dr.-Ing. Hans-Christian Reuss
Lehrstuhl Kraftfahrzeugmechatronik
Institut für Fahrzeugtechnik Stuttgart
Universität Stuttgart
Stuttgart, Deutschland

Prof Dr.-Ing. Andreas Wagner
Lehrstuhl Kraftfahrwesen
Institut für Fahrzeugtechnik Stuttgart
Universität Stuttgart
Stuttgart, Deutschland

Philipp Wagner

Optimale Regelung eines elektrischen Traktionsantriebs am Beispiel des sicheren Zustands

Springer Vieweg

Philipp Wagner
IFS, Fakultät 7 Lehrstuhl für
Kraftfahrzeugmechatronik
Universität Stuttgart
Stuttgart, Deutschland

Zugl.: Dissertation Universität Stuttgart, 2025
D93

ISSN 2567-0042 ISSN 2567-0352 (electronic)
Wissenschaftliche Reihe Fahrzeugtechnik Universität Stuttgart
ISBN 978-3-658-50182-2 ISBN 978-3-658-50183-9 (eBook)
https://doi.org/10.1007/978-3-658-50183-9

Die Deutsche Nationalbibliothek verzeichnet diese Publikation in der Deutschen Nationalbibliografie; detaillierte bibliografische Daten sind im Internet über https://portal.dnb.de abrufbar.

Planung/Lektorat: Friederike Lierheimer
Springer Vieweg ist ein Imprint der eingetragenen Gesellschaft Springer Fachmedien Wiesbaden GmbH und ist ein Teil von Springer Nature.
Die Anschrift der Gesellschaft ist: Abraham-Lincoln-Str. 46, 65189 Wiesbaden, Germany

Vorwort

Die vorliegende Arbeit entstand während meiner Tätigkeit als wissenschaftlicher Mitarbeiter am IFS, Institut für Fahrzeugtechnik Stuttgart, an der Universität Stuttgart unter der Leitung von Herrn Prof. Dr.-Ing. Hans-Christian Reuss. Im Rahmen des Promotionskollegs Hybrid II wurde diese Arbeit in Kooperation des IFS mit der Robert Bosch GmbH und dem Ministerium für Bildung, Forschung und Kunst Baden-Württemberg ermöglicht.

An erster Stelle gilt mein besonderer Dank meinem Doktorvater Herrn Prof. Dr.-Ing. Hans-Christian Reuss, der mir stets mit seinem guten Rat, seiner langjährigen Erfahrung und motivierenden Worten zur Seite Stand und damit zum Gelingen dieser Arbeit maßgeblich beigetragen hat. Die mir gewährten Freiheiten als auch das in mich gesetzte Vertrauen haben diese Arbeit erst ermöglicht. Ebenso möchte ich mich bei Herrn Prof. Dr.-Ing. Dr. h.c. Oliver Sawodny für die Übernahme des Korreferats und die damit verbunden Mühen sowie die wertvollen anregenden Fragen bedanken.

Insbesondere bedanke ich mich bei Frau Dr. rer. nat. Michèle Hirsch und Herrn Dr.-Ing. Gunther Götting für die enge Zusammenarbeit und regelmäßigen kreativen Diskussionsrunden vom ersten bis zum letzten Tag meiner Promotion. Die fachkundigen Detailfragen haben dazu beigetragen immer wieder neue Ideen und einen praktischen Nutzen zu identifizieren. Ihr offenes Ohr und ihre motivierende Worte waren mir eine große Unterstützung. Für ihre Hilfe beim Korrekturlesen bin ich ebenfalls sehr dankbar.

Mein Dank gilt auch meinen Kollegen am Lehrstuhl KFZ-Mechatronik unter der Leitung von Herrn Dr.-.Ing Thomas Riemer sowie den Mitarbeitern aus der Antriebsregelungsentwicklung unter der Leitung von Herrn Manabendra Gupta. Darüber hinaus möchte ich mich bei Wei-Lung Lee für die Unterstützung zur Durchführung von Prüfstandmessungen bedanken, bei Martin Hennen, Lingling Xie und Mark Damson für die fachliche Zusammenarbeit und die Einblicke in Serienkonzepte. Thomas Zeltwanger, Lei Chen, Christoph Schuster, Yuping Chen danke ich sowohl für den fachlichen Austausch als auch die ausgleichenden After-Work Veranstaltungen. Maximilian Weber danke ich für die fast täglichen Kaffeeaustauschrunden mit und ohne Studenten, woraus sich im Privaten bleibende Freundschaften als Ausgleich entwickelt haben.

Außerdem bedanke ich mich bei allen Studenten für die fachlichen und lustigen Diskussionen während meiner Tätigkeit. Insbesondere haben Nupur Tembhare, Michèle-Ange Tobit Tonke und Dusan Zaric zum Gelingen der Arbeit durch ihre studentischen Arbeiten und Untersuchungen beigetragen.

Zuletzt möchte ich mich bei meiner Familie und Freundin bedanken, die mich stets unterstützt haben. Besonderer Dank gilt meinem Vater für seine wertvolle Hilfe beim Korrekturlesen einschließlich Diskussionen.

Ludwigsburg, Juli 2025 Philipp Wagner

Inhaltsverzeichnis

Abbildungsverzeichnis

Tabellenverzeichnis

Abkürzungsverzeichnis

AKS	aktiver Kurzschluss
AP	Arbeitspunkt
ASC	aktiver Kurzschluss, engl. *active short circuit*
BEV	batterieelektrisches Fahrzeug, engl. *battery electric vehicle*
DGL	Differentialgleichung
DTC	direkte Drehmomentregelung, engl. *direct torque control*
ESM	elektrisch erregte Synchronmaschine
FLOP	Gleitkommaoperationen, engl. *floating point operations*
FOC	feldorientierte Regelung, engl. *field-oriented control*
FW	Freilauf, engl. *free-wheeling*
IM	Asynchronmaschine, engl. *induction machine*
LP	lineare Programmierung, engl. *linear program*
MPC	modellprädiktive Regelung, engl. *model predictive control*
MTPA	maximales Drehmoment pro Strom, engl. *maximum torque per ampere*
MTPF	maximales Drehmoment pro Fluss, engl. *maximum torque per flux*
NLP	nicht lineare Programmierung, engl. *nonlinear program*
OCP	Optimalsteuerungsproblem, engl. *optimal control problem*
OP	Optimierungsproblem
OSP	Optimalsteuerungsproblem
PMP	Pontryagins Minimumprinzip
PSM	permanentmagneterregte Synchronmaschine

QP	quadratische Programmierung, engl. *quadratic program*
STO	sicheres Abschalten, engl. *safe turn-off*
SVPWM	Raumzeigerpulsweitenmodulation, engl. *space vector pulse width modulation*

Kurzfassung

Die vorliegende Arbeit behandelt die optimale Regelung einer permanentmagneterregten Synchronmaschine (PSM) mit einem Zwei-Level-Wechselrichter am Beispiel des sicheren Zustands. Meistens wird unter Regelung die Drehmomentregelung des Antriebs verstanden, jedoch existieren für ein Elektrostraßenfahrzeug Sonderbetriebspunkte für Diagnosezwecke oder zur Überführung in den sicheren Zustand im Rahmen der funktionalen Sicherheit. Die zentrale Aufgabe einer Regelung ist der Arbeitspunktwechsel, also wie ein neuer Arbeitspunkt mithilfe der Stellgröße eingestellt werden kann. Dabei soll der Arbeitspunktwechsel selbst optimal sein; zum Beispiel soll dieser schnell und immer sicher sein. Unter sicher ist zu verstehen, dass die Antriebskomponenten innerhalb ihrer Spezifikation liegen. Konventionelle Regler, wie ein PI-Regler, berechnen die Stellgröße nur aufgrund der Regelabweichung und haben kein Modell von der Regelstrecke. Im Gegensatz dazu können modellprädiktive Regler das Verhalten der Regelstrecke prädizieren, benötigen jedoch eine längere Rechenzeit, weshalb die Anwendbarkeit auf einem Seriensteuergerät eingeschränkt ist.

Im Rahmen der Arbeit wird mithilfe der Optimierungstheorie ein optimaler beliebiger Arbeitspunktwechsel entworfen. Optimal bedeutet im ersten Fall schnellstmöglich unter Berücksichtigung der Komponentengrenzen, und im zweiten Fall energieflussoptimal unter Berücksichtigung der Komponentengrenzen. Grundlage dafür sind kontinuierliche und diskrete mathematische Modelle der PSM und des Zwischenkreiskondensators, um ein Optimalsteuerungsproblem formulieren zu können. Verschiedene Lösungsmethoden zur Berechnung der optimalen Steuergröße bzw. der optimalen Spannungsfolge werden gegenübergestellt, womit der optimale Arbeitspunktwechsel erfolgen kann. Die Realisierung auf einem Seriensteuergerät erfolgt durch Abspeicherung der optimalen Spannungsfolge als Tabelle, um das Problem mit möglichst geringer Rechenleistung zu lösen. Dadurch wird der Antrieb gesteuert und nicht geregelt. Daher ist die Methode nicht für die Drehmomentregelung geeignet, da keine hohe Sollwertgenauigkeit möglich ist sowie abklingende Schwingungen um den Sollwert auftreten können.

Als zielführende Anwendung der Methode wird der sichere Zustand des elektrischen Antriebs detailliert betrachtet. Dabei nutzen bekannte Verfahren keine mathematischen Modelle der PSM zur Prädiktion, wie z.B. eine optimale Steuerung. Einfache bekannte Verfahren stellen direkt den sicheren Zustand her und berücksichtigen nicht die Komponentengrenzen. Die Drehmomentregelung eignet sich nicht für den Anwendungsfall, da diese langsam reagiert und auch keine Grenzen berücksichtigt. Daher wird die optimale Steuerung vorgeschlagen, um den Antrieb schnellstmöglich und sicher in einen geeigneten Arbeitspunkt zu überführen, um anschließend den sicheren Zustand ohne Beschädigung der Komponenten herzustellen. Darüber hinaus ist in der Literatur das Verfahren sicheres Abschalten, engl. safe turn-off (STO). für den Lastabwurf der Batterie bekannt. STO regelt die Zwischenkreisspannung mittels eines Zweipunktreglers, der zwischen einem Lade- und Entladespannungszeiger wählt ohne den zukünftigen Stromwert zu kennen. Die Stromprädiktion der optimalen Regelung wird verwendet, um die Robustheit des Zweipunktreglers zu gewährleisten. Dieses neuartige Verfahren wird in der Arbeit Stromprädiktion zum sicheren Abschalten genannt. Die optimale Steuerung sowie die Stromprädiktion zum sicheren Abschalten werden sowohl in Simulationen als auch experimentellen Tests validiert.

Abstract

The thesis addresses the optimal control of a permanent magnet synchronous machine (PSM) with a two-level inverter. In the field of electric drives, control or regulation typically refers to the torque control of the drivetrain. However, there are a few specific operating points for diagnosis or for transitioning into the safe state in the context of functional safety. The safe state refers to a state where the electric drive operates in a manner that minimizes the hazards to humans or objects during a failure. In general, the main objective of any control is the change of the operating point, i.e., how the control variable can be adjusted to change to a new operating point. This change should be optimal by itself, in particular it should be a quick and safe transition. Safe means that the drive components remain within their specifications. Conventional regulators, such as a PI regulator, calculate the control variable based on the error signal but lack a model of the control system. Model predictive regulators predict the dynamic behavior of the plant but require longer computation time that limits their applicability on microcontrollers used in the automotive industry. A detailed description of the thesis and its chapters follows.

Introduction to the field of research: The introduction starts with the review of the present context, defines the field of research and gives a scope of the thesis. First, the increasing importance of the electromobility to reduce CO_2 emissions are derived from the political history and future trends based on the sales market of battery electric vehicles (BEV). Second, the present context leads into a greater need for safe and robust electric drives and the resulting research field in optimal control of a PSM.

Political agreements, from the Kyoto Protocol to the European Green Deal, raise the requirements for CO_2 emission levels of every industry to zero. The mobility sector contributes to 22,4 % of the overall CO_2 emissions of the EU in 2022. Therefore, electrification is a significant factor, and in the last five years, the sales of BEV have increased in Europe every year, with Germany as one of the biggest markets. This leads to continuous development and innovation of every drivetrain component of the BEV. Especially, the control enables dynamic driving at different speeds, and the use of automotive microcontrollers as well as sensors play a key role in developing a safe electric drive. Therefore, the safe state of electric drivetrains is an important aspect in the development of road vehicles. To increase reliability, the transition to the safe state must remain within the specifications of each component.

The main objective of this thesis is the quick and safe transition to a new operating point. Conventional methods, such as the field-oriented-control (FOC) with a decoupled PI current regulator, have limitations as they do not consider the dynamics of the PSM. This thesis investigates how optimization methods can be used to determine the optimal voltage pattern for a quick or energy-efficient operating point change. Additionally, the analysis focuses on the applicability of the method, especially the transition to the safe state. Model predictive methods, like model predictive control (MPC), require high computational effort, thus limiting their applicability on an automotive microcontroller. The main research objective is: How can an optimal operating point change of a PSM be designed and implemented on an automotive microcontroller?

Fundamentals: The foundation of this thesis consists of an introduction to electric drives and the application of optimization methods to develop an optimized control strategy. First, the structure and function of each drivetrain component is explained, especially the PSM as well as the DC-link circuit. Second, a general introduction to the field of optimization theory is provided and solution methods for finding the optimum are introduced.

A three-phase star-connected PSM is modeled in a general three-phase system to understand its behavior. The three-phase model is then transformed into a two-phase dq-coordinate system to enable the FOC and provide a detailed view of the phase shift between voltage, current, and flux. The DC-link capacitor plays a critical role in stabilizing the voltage supply to the inverter that drives the PSM. Accurate modeling of the DC-link capacitor is necessary to predict the system's response to a load dump of the battery. This model helps in designing safe and robust control strategies and both models are essential for a model-based control.

Optimization is a fundamental concept in control theory, aiming to improve system performance by minimizing or maximizing a specific objective function. First, a verbal description – i.e. the optimization task – is required to define the overall goal of the optimization. Second, the optimization task is formulated by mathematical equations into the so-called optimization problem. A solution to the optimization problem is found by solving it either numerically or analytically. Finally, an evaluation of the found solution is essential to consider it as optimal. Those three steps enable the optimal control of the PSM and the possibility to find an optimal control pattern; i.e., the optimal voltage pattern.

State of the art regarding control and safe state of a PSM: An overview of current control strategies, special operating point as well as the safe state of a PSM is provided to identify advantages and disadvantages of current methods. First, the FOC with a decoupled PI current regulator and a MPC are presented. Second, special operating points like the safe state and methods to ensure a transition into the safe state are introduced.

An electric drive must be able to deliver a desired torque precisely and reliably over the entire range of speed. The conventional concept of the FOC with a dq-coordinate transformation and a decoupled current regulator is presented. In addition, two current regulators, a PI and a MPC, are explained. Usually, the FOC is used for the torque control of the drive. If special operating points are required, different control strategies may be advantageous.

The safe state of the PSM is a state that ensures no danger to people, the environment, or property and is activated in the case of an detected error. The PSM is in a safe state if the inverter is set either to a short, so-called active short circuit (ASC), or open clamps, so-called free-wheeling. The PSM can be set directly to the safe state, called direct methods, or set to a controlled transition to the safe state. Activating the safe state directly, can damage components of the drive, e.g. overcurrents may cause a demagnetization and winding failures of the PSM, or a DC-link overvoltage may cause the destruction of the capacitor. Therefore, a controlled transition to the safe state is necessary. Different methods are presented, and the optimal control is used for a safe transition.

Methodology of an optimal open-loop control: The goal of this method is a generic operating point change of a PSM under consideration of the system specifications and the implementation on an automotive microcontroller for a real-time application. Therefore, the optimal control problem (OCP) is used. First, the specifications of the electric drive are described as constraints, followed by two cost functions, and finally, the entire OCP is formulated. Second, the direct and indirect approach to solve an OCP – i.e. to find the optimal voltage pattern – are presented.

Conventional control concepts, such as the decoupled current feedback regulator, do not consider system dynamics or any physical constraints. The MPC requires specially designed solvers for a specific microcontroller in order to optimize the runtime and the use of computing resources. The novel method, including a optimal control problem, consists of:

- formulation of the optimal control problem
- offline calculation of the optimal voltage pattern
- table-based storage on a microcontroller
- activation of the optimal voltage pattern

The table-based approach is integrated into the torque control of the electric drive and does not interfere with the FOC and its current feedback regulator. In case of activation, the optimal voltage pattern, derived from the last known operating point, is used instead of the output from the current feedback regulator to change the operating point quickly and safely.

The optimization task is verbally formulated; the generic operating point change is described by two different formulations:

1. Perform an operating point change as quickly as possible while considering system limits.
2. Perform an operating point change without delivering energy back while considering system limits.

The optimization problem, here the OCP, is the mathematical formulation of the two optimization tasks for an operating point change. The mathematical formulation includes a continuous solution space, allowing the use of conventional solvers. The constraints of the OCP include:

- system dynamics, described in dq-coordinates of the drive,
- physical constraints by current and voltage,
- initial and target operating points.

The appropriate formulation of the cost function influences the feasibility of the OCP. The cost function is dependent on the optimization task:

- distance-optimal
- energy-optimal

In order to solve the OCP numerically, especially the system dynamics are discretized to find the optimal voltage pattern. One specific use case of the method is the transition to the safe state. The constraints of the OCP prevent the drive to be operated beyond the voltage and currents constraints, with respect to the DC-link voltage during the load dump.

Methodology of a model-based safe turn-off: Solving an OCP in real-time on an automotive microcontroller is typically non-feasible. Instead of solving a complete OCP online or using the proposed table-based approach, the dynamic model of the OCP is applied to achieve the safe state in combination with the safe turn-off (STO) method; i.e., regulating the DC-link voltage after a load dump.

In the case of a load dump, the stored energy inside the PSM cannot be recuperated because it will overcharge the DC-link capacitor in generator mode, and the safe state of the drive cannot be achieved directly. The so-called STO method balances the DC-link voltage in case of a load dump with a charge or a discharge voltage pointer. The angle of the stator current selects the voltage pointer of the two-point DC-link voltage regulator, and an improper voltage pointer leads to an undesired charge of the DC-link capacitor. Particularly, unavoidable calculation delays of any microcontroller causes a wrong voltage pointer.

The discrete current model of the PSM improves the robustness of the STO method by calculating in real-time the future current sector and the voltage pointer, respectively. To achieve a computationally efficient prediction model, the model is optimized for this specific use case according to the number of floating-point operations and prediction accuracy. The discrete current model uses a fast second-order integration method and polynomial approximated operating-point-dependent model parameters.

Results and discussion: Both methods are examined in simulations as well as in experiments. The simulation results and the experimental results lead to the same conclusion.

In the experiment, the optimal open-loop control is evaluated to achieve a fast and safe transition into the short circuit operating point and switch then to the safe state. The distance as well as the energy-optimal voltage patterns are applied to the PSM, and both are compared with the direct ASC. As a result, both optimal voltage patterns reduce the maximum transient current peak, and the energy-optimal voltage pattern also minimizes the energy flow into the DC-link capacitor effectively. There occurs a 100 μs delay until the microcontroller starts the voltage pattern. During this time span, the energy flows back in generator mode and charges the capacitor. Due to the model error, the open-loop control oscillates around the target point in manner that is acceptable for this use case.

The model-based safe turn-off improves the robustness of the STO method significantly and ensures an appropriate selection of the next voltage pointer. Ten repeated measurements in two critical operating points prove the higher robustness of the prediction model by evaluating the correct discharge voltage pointer.

1 Einleitung

In diesem Kapitel wird die Arbeit, bevor der Forschungsschwerpunkt erläutert wird, in das aktuelle Zeitgeschehen eingeordnet. Dazu wird die zunehmende Bedeutung der Elektromobilität zur CO_2 Reduktion im Verkehrssektor im Kontext der politischen Rahmenbedingungen eingeordnet und der Trend aus der Absatzmarktentwicklung von batterieelektrischen Fahrzeugen (BEV) abgeleitet. Daraus resultiert eine große Notwendigkeit für sichere und robuste elektrische Antriebe. Anschließend werden der Forschungsschwerpunkt der optimalen Regelung einer PSM, die Forschungsfrage sowie die Ziele der Arbeit vorgestellt.

1.1 Elektromobilität: Rahmenbedingungen und aktuelle Trends

Der Klimawandel ist wohl eine der größten Herausforderungen des 21. Jahrhunderts. Die damit verbundenen Risiken, wie eine Verringerung des Lebensraums der Menschen und eine Zerstörung von Ökosystemen durch steigende Meeresspiegel, extreme Wetterereignisse und höhere Durchschnittstemperaturen, führen zu vielen weiteren Konflikten und Problemen.

Zur Verlangsamung des Klimawandels schließen verantwortliche Politiker eine Reihe von Abkommen zwischen den Staaten ab; Rahmenbedingungen sind für die wirtschaftliche Entwicklung sowie die Sicherheit und Planbarkeit der Industrie essentiell. Im Kyoto Abkommen im Jahr 1992 verpflichteten sich einige Industriestaaten, einschließlich Deutschland, den Ausstoß von sechs wichtigen Treibhausgasen bis 2012 gegenüber 1990 um 5,2 % zu reduzieren [1]. Als Folgeabkommen verfolgt das Pariser Klimaabkommen im Jahr 2015 unter Einbindung aller Staaten der Erde den weltweiten Temperaturanstieg auf möglichst 1,5 °C aber deutlich unter 2,0 °C im Vergleich zum vorindustriellen Zeitalter zu beschränken [2]. Zur Umsetzung des Abkommens verfasst die Europäische Union 2019 den Grünen Deal mit dem Ziel, der erste klimaneutrale Kontinent zu sein und bis 2050 keine Netto-Treibhausgase mehr auszustoßen [3]. Die deutsche Bundesregierung verschärfte 2024 die Rahmenbedingungen dahingehend, dass Deutschland bis 2045

P. Wagner, *Optimale Regelung eines elektrischen Traktionsantriebs am Beispiel des sicheren Zustands*, Wissenschaftliche Reihe Fahrzeugtechnik Universität Stuttgart, https://doi.org/10.1007/978-3-658-50183-9_1

treibhausgasneutral sein soll und bis 2030 die Treibhausgase um 65 % reduziert werden [4]. Diese politischen Maßnahmen beeinflussen alle Industriesektoren, unter anderem auch die Energieerzeugung, den Verkehrsbereich und vor allem die Automobilindustrie, welche klimaneutrale Traktionsantriebe entwickeln muss.

Die gesamten äquivalenten CO_2 Emissionen der EU haben sich von 1990 um 29,71 % im Jahr 2022 auf 3378 Mio. Tonnen CO_2 reduziert [5]. Jedoch stößt der gesamte Verkehrssektor 2022 noch 755 Mio. Tonnen CO_2 aus und hat damit einen Anteil von 22,4 % an den gesamten CO_2 Emissionen der EU [6]. Zusätzlich haben sich die CO_2 Emissionen des Verkehrssektors im Vergleich zu 1990 um 9,6 % erhöht [6]. Dies unterstreicht die Notwendigkeit einer CO_2 neutralen Mobilität, vor allem auch der Elektromobilität. Die Anforderungen an Automobilhersteller steigen, denn der durchschnittliche Flottenverbrauch von neu zugelassenen PKW soll um 55 % gegenüber 1990 sinken. Bis 2035 sollen alle in Europa neu zugelassenen PKW und leichte Nutzfahrzeuge emissionsfrei sein und 2050 soll die gesamte Mobilität emissionsfrei sein [7] [8], um die Klimaziele erreichen zu können. Dies unterstreicht die Notwendigkeit der Weiterentwicklung eines lokal emissionsfreien Traktionsantriebs.

In Europa wächst der Markt für BEV in den letzten Jahren stetig. Dies wird deutlich durch die steigende Anzahl von BEV Neuzulassungen zwischen 2021 und 2023 mit jeweils 877k und 1538k [9]. Davon ist Deutschland der größte europäische Markt für BEV und die Anzahl an Neuzulassungen ist sehr schnell angestiegen – im Jahre 2019 mit 63k Neuzulassungen zu 2023 mit 524k Neuzulassungen, was in 2023 33 % der europäischen Neuzulassungen entspricht [10]. Im Jahr 2024[1] verzeichnet sich innerhalb Deutschlands an starker Rückgang von BEV Neuzulassungen im Vergleich zum Vorjahr um ca. 32 %, wovon ein Grund der Entfall der staatlichen Förderung von BEV ist [10] [11]. Dahingegen hat der gesamte europäische Markt nur einen leichten Rückgang von 5,5 %, da andere Länder wie zum Beispiel das vereinigte Königreich, die Beneluxländer und Frankreich, einen Anstieg an Neuzulassungen aufweisen [12] [13].

Die elektrischen Komponenten eines BEV umfassen das Bordnetz, das integrierte Ladegerät, die Traktionsbatterie sowie den elektrischen Antriebsstrang. Diese Komponenten werden kontinuierlich weiterentwickelt, sodass fallende Komponentenkosten zu erwarten sind [14]. Insbesondere ist die Regelung der elektrischen Maschine verantwortlich für die Grundfunktion eines dynamischen Fahrbetriebs eines BEV

[1] Stand der Auswertung bis September 2024

mit variabler Drehzahl und variablem Drehmoment [15]. Bei der Entwicklung der Regelung spielt die Verwendung von Seriensteuergeräten und Seriensensorik eine wesentliche Rolle [16]. Darüber hinaus ist die Regelung für die funktionale Sicherheit des elektrischen Antriebs von zentraler Bedeutung bei einem Serienprodukt.

Obwohl die Regelung von elektrischen Antrieben bereits umfassend untersucht wurde, ergeben sich neue Forschungsfragen zur weiteren Verbesserung des elektrischen Antriebs. Neben der Regelung im Normalbetrieb ist das Ansteuern oder Einstellen von Sonderbetriebspunkten ein zu untersuchender Forschungsbereich, um die Sicherheit des elektrischen Antriebs zu verbessern. Zum Beispiel können Sonderbetriebspunkte für Diagnosezwecke eingestellt werden, um den Systemzustand zu ermitteln bzw. Sensoren zu kalibrieren [17]; oder Sonderbetriebspunkte werden herangezogen, um im Fehlerfall den sicheren Zustand [2] herzustellen. Bei einem Wechsel in einen Sonderbetriebspunkt müssen zusätzlich stets die Systemgrenzen eingehalten werden. Dies bedeutet, dass zulässige Betriebsgrenzen für Strom und Spannung nicht überschritten werden dürfen, um Beschädigungen der Antriebskomponenten zu verhindern. [18] [19]

1.2 Forschungsschwerpunkt

Die optimale Regelung einer PSM in Elektrostraßenfahrzeugen stellt eine zentrale Herausforderung dar. Diese Arbeit adressiert die Optimierung des Arbeitspunktwechsels einer PSM, um die Regeldynamik sowie die Sicherheit des Antriebs zu erhöhen. Hierbei wird die modellprädiktive Optimierungsmethode eines Optimalsteuerungsproblem (OSP) eingesetzt, um die Frage zu beantworten, was optimal bedeutet.

Ein zentrales Problem ist die schnelle und sichere Überführung der PSM in einen neuen Arbeitspunkt. Bisherige Methoden, wie eine feldorientierte Regelung (FOC) mit entkoppeltem Regler weisen Einschränkungen auf, da die Stromdynamik der PSM nicht berücksichtigt wird. Vor diesem Hintergrund offenbart diese Arbeit, wie mittels Optimierungsverfahren eine optimale Spannungsfolge für einen schnellen oder energieeffizienten Arbeitspunktwechsel ermittelt werden kann. Zudem wird die

[2] Der sichere Zustand ist ein Begriff aus der funktionalen Sicherheit und bezeichnet einen Betriebszustand, in dem z.B. der elektrische Antrieb sicher ist und keine Gefahr für Menschen oder andere Objekte darstellt.

Anwendbarkeit der Methode für verschiedene Betriebszustände, einschließlich der Überführung in den sicheren Zustand unter Berücksichtigung der Systemgrenzen, analysiert. Modellprädiktive Methoden benötigen einen hohen Rechenaufwand, insbesondere die modellprädiktive Regelung (MPC), und begrenzen daher die Anwendbarkeit auf einem Seriensteuergerät.

Folglich lautet die zentrale Forschungsfrage: Wie kann ein optimaler Arbeitspunktwechsel einer PSM gestaltet und am Beispiel des sicheren Zustands auf einem Seriensteuergerät realisiert werden? Daraus resultieren die Ziele dieser Arbeit:

- Untersuchung und Anwendung moderner Regelungsmethoden zur optimalen Steuerung einer PSM
- Überführung des elektrischen Antriebs in einen Zielarbeitspunkt unter Einhaltung der Betriebsgrenzen
- Berücksichtigung von Sonderbetriebspunkten, einschließlich der Überführung in den sicheren Zustand
- Implementierung der Methode auf einem Seriensteuergerät unter Echtzeitanforderungen

1.3 Aufbau der Arbeit

Das folgende **Kapitel 2** liefert die theoretischen Grundlagen zum elektrischen Antrieb sowie zur Optimierung. Dabei werden der elektrische Antrieb, insbesondere die PSM, und der Zwischenkreiskondensator modelliert. Die mathematische Methode der Optimierung, einschließlich Lösungsmethoden sowie die Klassifizierung verschiedener Optimierungsmethoden werden vorgestellt. In Kapitel 4 wird das Optimalsteuerungsproblem (OSP) auf eine PSM angewendet.

Danach stellt **Kapitel 3** den Stand der Technik zur Regelung einer PSM vor, einschließlich des Reglerkonzepts FOC, des entkoppelten Stromreglers sowie der MPC. Darüber hinaus wird der sichere Zustand eines Traktionsantriebs definiert. Abschließend werden aktuelle Methoden zur Herstellung des sicheren Zustands des elektrischen Antriebs vorgestellt.

Kapitel 4 beschreibt die Methodik zur Durchführung eines optimalen Arbeitspunktwechsels. Dafür wird eine Optimierungsaufgabe, eine verbale Beschreibung des Problems, formuliert. Anschließend werden die mathematischen Gleichungen zur Beschreibung der Systemdynamik sowie der Komponentengrenzen hergeleitet, um das OSP aufstellen zu können. Abschließend wird das OSP gelöst und eine Realisierung auf einem Seriensteuergerät vorgestellt. Der zweite Teil adressiert die Herstellung des sicheren Zustands, insbesondere bei Lastabwurf der Batterie. Der modellbasierte Ansatz des OSP wird dafür mit einem bekannten Abschaltkonzept auf dem Seriensteuergerät kombiniert und online berechnet. Insbesondere wird hier ein methodisches Vorgehen zur Realisierung des modellbasierten Ansatzes auf einem Seriensteuergerät verfolgt.

Abschließend präsentiert **Kapitel 5** die Simulationsergebnisse der vorgestellten Methoden in verschiedenen Arbeitspunkten und Messergebnisse validieren die entwickelten Methoden. **Kapitel 6** fasst die wesentlichen Erkenntnisse zusammen und gibt einen Ausblick auf noch weiterführende Forschungsfragen.

2 Grundlagen

Das Fundament dieser Arbeit bilden die Modellierung des elektrischen Antriebs und die Anwendung von Optimierungsmethoden zur Entwicklung einer optimalen Regelung. Der Aufbau und die Funktion der einzelnen Komponenten werden aus systemischer Sicht erläutert. Es erfolgt eine mathematische Modellierung der permanentmagneterregten Synchronmaschine (PSM) sowie des Zwischenkreises mit Kondensator. Eine detaillierte Betrachtung der Regelung wird erst in Kapitel 3 präsentiert. Um Optimierungsmethoden anzuwenden, erfolgt eine allgemeine Einführung in das Thema Optimierung. Dabei werden die Unterschiede zwischen Optimierungsklassen, Optimierungsproblem (OP) sowie Optimalsteuerungsproblem (OSP) verdeutlicht. Abschließend werden Lösungsstrategien zum Finden des Optimums aufgezeigt.

2.1 Der elektrische Antrieb

Im Rahmen dieser Arbeit werden Traktionsantriebe mit einer dreiphasigen permanentmagneterregten Synchronmaschine mit Sternverschaltung betrachtet. Abschnitt 2.1.1 behandelt den Aufbau des untersuchten elektrischen Antriebs, welcher in Hardware- und Softwarekomponenten unterteilt ist. Unter Abschnitt 2.1.2 werden die mathematischen Gleichungen der PSM und der Zwischenkreisschaltung hergeleitet, welche essenziell für eine modellbasierte Regelung sind.

2.1.1 Aufbau

Der elektrische Antrieb besteht aus Hardwarekomponenten und der auf dem Steuergerät ausgeführten Software, siehe Abbildung 2.1. Die Hardwarekomponenten sind die Batterie, der Zwischenkreis, der Wechselrichter, die PSM, die Sensorik und das Steuergerät. Auf dem Steuergerät sind alle Softwarekomponenten zur Regelung des elektrischen Antriebs implementiert. Zur Vereinfachung sind die Tempera-

P. Wagner, *Optimale Regelung eines elektrischen Traktionsantriebs am Beispiel des sicheren Zustands*, Wissenschaftliche Reihe Fahrzeugtechnik Universität Stuttgart, https://doi.org/10.1007/978-3-658-50183-9_2

tursensoren der elektrischen Maschine und des Wechselrichters nicht dargestellt [20].

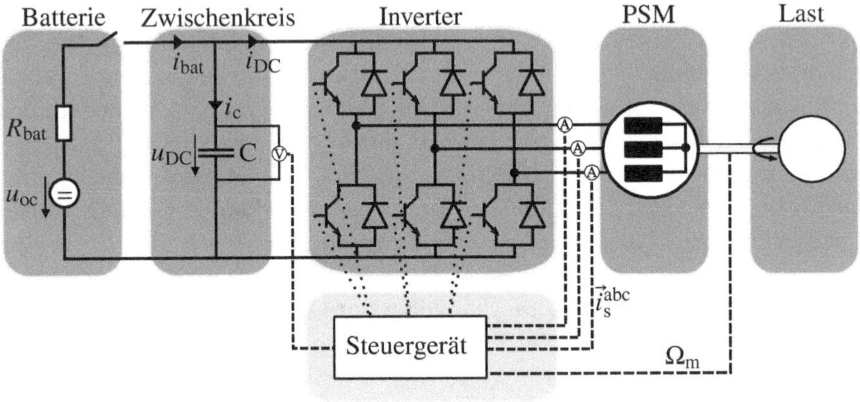

Abbildung 2.1: Übersicht der Komponenten des elektrischen Antriebs

Batterie: Die Batterie bzw. die Traktionsbatterie besteht aus vielen seriell und parallel geschalteten Batteriezellen, um den notwendigen Strom und die notwendige Spannung zur Verfügung stellen zu können. Sie ist die Energiequelle des elektrischen Antriebs und kann zum Schutz des Antriebs vom HV-Zwischenkreis getrennt werden, wofür ein Batterieschütz eingesetzt wird.

Zwischenkreis: Der Zwischenkreiskondensator glättet die Batteriespannung und stellt dem Wechselrichter die benötigte Gleichspannung u_{DC} zur Verfügung.

Wechselrichter: Der Wechselrichter wandelt die Gleichspannung u_{DC} in eine dreiphasige Wechselspannung $\vec{u}_s^{abc}$ um. Durch die Ansteuerung der Gates der sechs Leistungsschalter wird die gewünschte Spannung an den Maschinenklemmen eingestellt. Die Ansteuersignale werden durch Softwarealgorithmen im Steuergerät berechnet.

PSM: Eine elektrische Maschine, hier eine PSM, wandelt im motorischen Betrieb elektrische Energie in mechanische Energie. Sie erzeugt an der Welle ein

Drehmoment, das den Antrieb beschleunigt. Im generatorischen Betrieb verzögert die PSM die Welle und wandelt mechanische Energie in elektrische Energie. Die so gewonnene Energie wird in den Zwischenkreiskondensator und die Batterie zurückgespeist.

Steuergerät: Die Sensoren liefern dem Steuergerät alle notwendigen Informationen zur Regelung des elektrischen Antriebs sowie für die Diagnose. Das Steuergerät erzeugt die Ansteuersignale für die sechs Leistungsschalter des Wechselrichters als Ausgangsgrößen.

Die Software zur Regelung des elektrischen Antriebs ist im Steuergerät implementiert. Die indirekte Regelstruktur besteht aus drei Hauptkomponenten: einem Referenzregler, einem Stromregler und einem Modulator, siehe Abbildung 2.2. Bei der indirekten Regelstruktur liefert der Stromregler einen Spannungsraumzeiger, der vom Modulator in Schaltsignale umgerechnet wird. Falls der Stromregler die Schaltsignale als Regelgröße direkt ermittelt, spricht man von einer direkten Regelung oder einer direkten Regelstruktur.

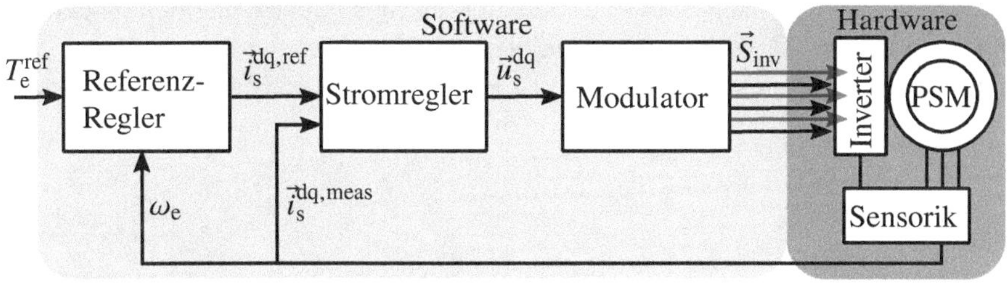

Abbildung 2.2: Übersicht der Softwarestruktur

Referenzregler: Der Referenzregler ermittelt für das vorgegebene Drehmoment die beiden Stromkomponenten im dq-Koordinatensystem. Bei der Wahl der Stromkomponenten muss die Drehzahl berücksichtigt werden, denn bei höheren Drehzahlen befindet sich die Maschine im Feldschwächebetrieb und die Regelstrategie muss angepasst werden. Der Stromregler erhält als Sollwert die Ströme des Referenzreglers und als Istwert den gemessenen Phasenstrom der elektrischen Maschine, welcher ins dq-Koordinatensystem transformiert wird.

Stromregler: Die Aufgabe des Reglers ist die Regelabweichung zwischen Soll- und Istwert schnellstmöglich zu verringern. Eine bleibende Regelabweichung gilt es im Normalbetrieb zu vermeiden, da sich diese nachteilig auf die Drehmomentgenauigkeit auswirkt. Die Stellgröße des Reglers liefert die notwendige Statorspannung in dq-Koordinaten, die für die Modulation in $\alpha\beta$-Koordinaten umgewandelt wird.

Modulator: Der Modulator berechnet aus der Sollspannung $\vec{u}_{\mathrm{s}}^{\mathrm{dq}}$ die Ansteuersignale für die Leistungselektronik, wobei Amplitude, Frequenz und Phasenlage modelliert werden. Die effektive Spannung an den Klemmen soll möglichst genau der gewünschten Sollspannung entsprechen. Das Ansteuersignal bestimmt die Ein- und Ausschaltzeit der einzelnen Halbleiter.

2.1.2 Modellierung

Die Modellierung des Antriebs, insbesondere der PSM sowie der Zwischenkreisschaltung, ist von entscheidender Bedeutung für die Formulierung von Optimierungsproblemen. Je nach Bauweise werden Maschinen unterschiedlich modelliert, um ihr dynamisches Verhalten beschreiben zu können. Für die Fragestellung eines optimalen Arbeitspunktwechsels liefert Kapitel 4.1 die Herleitung der angepassten Modelle.

Bauweise

Bei Traktionsantrieben ist der verfügbare Bauraum in der Regel begrenzt, weshalb eine hohe Leistungsdichte und Drehmomentendichte gefordert werden. Eine PSM erfüllt im Vergleich zu anderen Drehstrommaschinen die Anforderung einer hohen Drehmomentendichte. Darüber hinaus kann die Drehmomentendichte durch eine spezielle Bauweise des Rotors weiter gesteigert werden, beispielsweise durch die Verwendung von vergrabenen Magneten im Rotoreisen anstelle von außen verklebten Magneten. Diese Bauweise erzeugt eine magnetische Anisotropie und ein zusätzliches Reluktanzmoment [21] [22]. Eine Synchronmaschine besteht aus einem nicht rotierenden Teil, dem Stator, und einem rotierenden Teil, dem Rotor. Der Stator besteht aus einem Rahmen oder Gehäuse, in dem ein laminiertes Statorblechpaket angeordnet ist, welches aus mehreren dünnen, übereinander gestapelten Eisenblechen zur Reduzierung von magnetischen Verlusten besteht. In den Nuten, den Aussparungen im Statorblechpaket, sind die dreiphasigen Kupferwicklungen der Maschine untergebracht. Der Statoraufbau ist bei Drehfeldmaschinen prinzipiell gleich, wozu auch z.B. Asynchronmaschinen (IM) gehören. Der Aufbau des Rotors unterscheidet sich zwischen einer Synchronmaschine und einer Asynchronmaschine, da die Rotorwicklungen bei einer IM kurzgeschlossen sind. Die Rotorgeometrie von Synchronmaschinen wird unterschiedlich konstruiert. Falls keine Magnete im Rotor verbaut werden, handelt es sich um eine elektrisch erregte Synchronmaschine (ESM) mit einer zusätzlichen Rotorwicklung und Schleifringen. Wird der Rotor mit Magneten bestückt, wird die Maschine als PSM bezeichnet. Die Magnete können am Rotormantel befestigt werden, sodass sie sich im Luftspalt befinden, oder sie sind im Rotor als vergrabene Magnete eingebettet. Im Folgenden wird eine dreiphasige PSM mit vergrabenen Magneten modelliert, deren Aufbau in Abbildung 2.3 zu sehen ist. [20] [23]

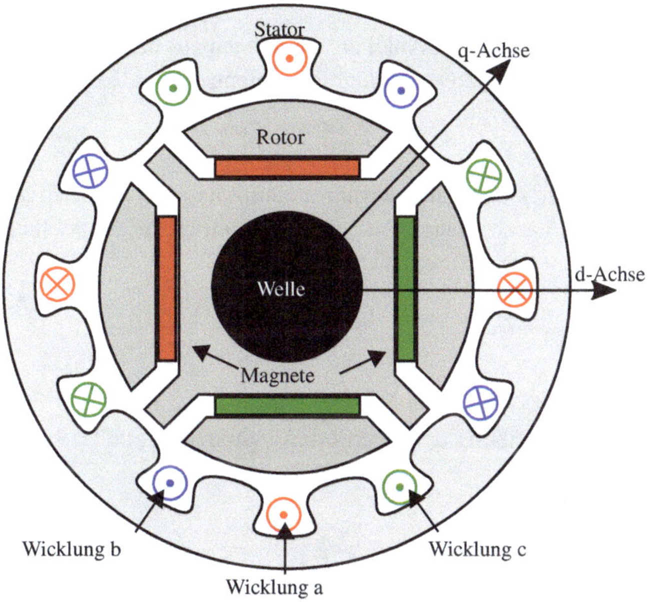

Abbildung 2.3: Querschnitt einer dreiphasigen permanenterregten Synchronmaschine mit vier Polen und vergrabenen Magneten

Dreiphasiges Maschinenmodell einer PSM

Zur kompakteren Schreibweise werden die dreiphasigen Größen der Statorspannung, des Statorstroms, des Statorflusses und des Permanentmagnetflusses als Vektoren definiert.

$$\vec{u}_\mathrm{s}^\mathrm{abc} = (u_\mathrm{s}^\mathrm{a}, u_\mathrm{s}^\mathrm{b}, u_\mathrm{s}^\mathrm{c})^T$$
$$\vec{i}_\mathrm{s}^\mathrm{abc} = (i_\mathrm{sa}, i_\mathrm{sb}, i_\mathrm{sc})^T$$
$$\vec{\psi}_\mathrm{s}^\mathrm{abc} = (\psi_\mathrm{sa}, \psi_\mathrm{sb}, \psi_\mathrm{sc})^T$$
$$\vec{\psi}_\mathrm{f}^\mathrm{abc} = (\psi_\mathrm{fa}, \psi_\mathrm{fb}, \psi_\mathrm{fc})^T$$

Die Statorspannungsgleichung lautet, siehe Gl. 2.1:

$$\vec{u}_\mathrm{s}^\mathrm{abc} = R_\mathrm{s}\vec{i}_\mathrm{s}^\mathrm{abc} + \frac{\mathrm{d}\vec{\psi}_\mathrm{s}^\mathrm{abc}}{\mathrm{d}t} \qquad \text{Gl. 2.1}$$

Der Statorfluss besteht aus zwei Anteilen. Zum einen aus den stromdurchflossenen Statorwicklungen; zum anderen aus dem Permanentmagnetfluss, siehe Gl. 2.2.

$$\vec{\psi}_\mathrm{s}^\mathrm{abc} = L_\mathrm{abc}\vec{i}_\mathrm{s}^\mathrm{abc} + \vec{\psi}_\mathrm{f}^\mathrm{abc} \qquad \text{Gl. 2.2}$$

Die Induktivitätsmatrix beinhaltet auf ihrer Hauptdiagonalen die Eigeninduktivitäten der einzelnen Phasen, während die übrigen Einträge die Koppelinduktivitäten zwischen den Phasen beschreiben, siehe Gl. 2.3.

$$L_\mathrm{abc} = \begin{pmatrix} L_\mathrm{aa} & L_\mathrm{ab} & L_\mathrm{ac} \\ L_\mathrm{ba} & L_\mathrm{bb} & L_\mathrm{bc} \\ L_\mathrm{ca} & L_\mathrm{cb} & L_\mathrm{cc} \end{pmatrix} \qquad \text{Gl. 2.3}$$

Die explizierte Beschreibung der invertierten Induktivitätsmatrix lautet, siehe Gl. 2.4.

$$L_\mathrm{abc}^{-1} = \frac{1}{\det(L_\mathrm{abc})}\cdot$$
$$\begin{pmatrix} L_\mathrm{bb}L_\mathrm{cc} - L_\mathrm{bc}L_\mathrm{cb} & L_\mathrm{ac}L_\mathrm{cb} - L_\mathrm{ab}L_\mathrm{cc} & L_\mathrm{ab}L_\mathrm{bc} - L_\mathrm{ac}L_\mathrm{bb} \\ L_\mathrm{bc}L_\mathrm{ca} - L_\mathrm{ba}L_\mathrm{cc} & L_\mathrm{aa}L_\mathrm{cc} - L_\mathrm{ac}L_\mathrm{ca} & L_\mathrm{ac}L_\mathrm{ba} - L_\mathrm{aa}L_\mathrm{bc} \\ L_\mathrm{ba}L_\mathrm{cb} - L_\mathrm{bb}L_\mathrm{ca} & L_\mathrm{ab}L_\mathrm{ca} - L_\mathrm{aa}L_\mathrm{cb} & L_\mathrm{aa}L_\mathrm{bb} - L_\mathrm{ab}L_\mathrm{ba} \end{pmatrix} \qquad \text{Gl. 2.4}$$

mit der Determinante

$$\begin{aligned}\det(L_\mathrm{abc}) = {} & L_\mathrm{aa}L_\mathrm{bb}L_\mathrm{cc} + L_\mathrm{ab}L_\mathrm{bc}L_\mathrm{ca} + L_\mathrm{ac}L_\mathrm{ba}L_\mathrm{cb} \\ & - L_\mathrm{aa}L_\mathrm{bc}L_\mathrm{cb} - L_\mathrm{ab}L_\mathrm{ba}L_\mathrm{cc} - L_\mathrm{ac}L_\mathrm{bb}L_\mathrm{ca}\end{aligned}$$

Im Falle einer symmetrischen dreiphasigen Statorwicklung sowie einer magnetisch isotropen Rotorgeometrie, $L_{\mathrm{d}}=L_{\mathrm{q}}$, sind die Hauptinduktivitäten und die Koppelinduktivitäten jeweils gleich groß und es gilt für die Hauptinduktivität $L = L_{\mathrm{aa}} = L_{\mathrm{bb}} = L_{\mathrm{cc}}$ und für die Koppelinduktivität $M = L_{\mathrm{ab}} = L_{\mathrm{ac}} = L_{\mathrm{ba}} = L_{\mathrm{bc}} = L_{\mathrm{ca}} = L_{\mathrm{cb}}$. Demnach vereinfacht sich die Matrix zu, siehe Gl. 2.5:

$$L_{\mathrm{abc}} = \begin{pmatrix} L & M & M \\ M & L & M \\ M & M & L \end{pmatrix} \qquad \text{Gl. 2.5}$$

In Gl. 2.6 wird die Inverse der Induktivitätsmatrix für einen isotropen Rotor beschrieben.

$$L_{\mathrm{abc}}^{-1} = \frac{1}{L^2 + L\,M - 2\,M^2} \cdot \begin{pmatrix} L+M & -M & -M \\ -M & L+M & -M \\ -M & -M & L+M \end{pmatrix} \qquad \text{Gl. 2.6}$$

Exkurs zur Transformation symmetrischer Systeme

Die Clarke-Transformation berechnet einen zweiphasigen Raumzeiger $\vec{x}^{\alpha\beta}$ aus einer symmetrischen dreiphasigen Größe $\vec{x}^{\mathrm{abc}}$, siehe Gl. 2.7. Die Konstante K kann beliebig gewählt werden, um den Raumzeiger amplituden-, leistungs- oder effektivswertinvariant zu skalieren, siehe Tabelle 2.1.

$$\vec{x}^{\alpha\beta} = \underbrace{K \cdot \begin{pmatrix} 1 & -1/2 & -1/2 \\ 0 & \sqrt{3}/2 & -\sqrt{3}/2 \end{pmatrix}}_{M_{\alpha\beta}} \cdot \vec{x}^{\mathrm{abc}} \qquad \text{Gl. 2.7}$$

Die inverse Transformation lautet nach Gl. 2.8:

$$\vec{x}^{\mathrm{abc}} = \underbrace{1/K \cdot \begin{pmatrix} 2/3 & 0 \\ -1/3 & \sqrt{3}/3 \\ -1/3 & -\sqrt{3}/3 \end{pmatrix}}_{M_{\alpha\beta}^{-1}} \cdot \vec{x}^{\alpha\beta} \qquad \text{Gl. 2.8}$$

Um einen Raumzeiger $\vec{x}^{\mathrm{dq}}$ im rotorfesten dq-System zu erhalten, wird das Koordinatensystem mit dem elektrischen Winkel θ_{e} gedreht und es ergeben sich Gleichgrößen, siehe Gl. 2.9.

$$\vec{x}^{\mathrm{dq}} = \underbrace{\begin{pmatrix} \cos(\theta_{\mathrm{e}}) & \sin(\theta_{\mathrm{e}}) \\ -\sin(\theta_{\mathrm{e}}) & \cos(\theta_{\mathrm{e}}) \end{pmatrix}}_{M_{\mathrm{dq}}} \cdot \vec{x}^{\alpha\beta} \qquad \text{Gl. 2.9}$$

Die inverse Transformation lautet nach Gl. 2.10:

$$\vec{x}^{\alpha\beta} = \underbrace{\begin{pmatrix} \cos(\theta_{\mathrm{e}}) & -\sin(\theta_{\mathrm{e}}) \\ \sin(\theta_{\mathrm{e}}) & \cos(\theta_{\mathrm{e}}) \end{pmatrix}}_{M_{\mathrm{dq}}^{-1}} \cdot \vec{x}^{\mathrm{dq}} \qquad \text{Gl. 2.10}$$

Tabelle 2.1: Freiheitsgrad der Clarke-Transformation

Allgemein	Amplitudeninvariant	Leistungsinvariant	Effektivwertsinvariant
K	2/3	$\sqrt{2/3}$	$\sqrt{2}/3$

Rotororientiertes dq-Modell einer PSM

Analog zum dreiphasigen Modell werden die komplexen Raumzeiger – der Statorspannung, des Statorstroms, des Statorflusses sowie des Permanentmagnetflusses – in der dq-Ebene als Vektoren definiert und die d-Richtung des Koordinatensystems entspricht dem Permanentmagnetfluss ψ_{f}.

$$\vec{u}_{\mathrm{s}}^{\mathrm{dq}} = (u_{\mathrm{sd}}, u_{\mathrm{sq}})^T$$
$$\vec{i}_{\mathrm{s}}^{\mathrm{dq}} = (i_{\mathrm{sd}}, i_{\mathrm{sq}})^T$$
$$\vec{\psi}_{\mathrm{s}}^{\mathrm{dq}} = (\psi_{\mathrm{sd}}, \psi_{\mathrm{sq}})^T$$
$$\vec{\psi}_{\mathrm{f}}^{\mathrm{dq}} = (\psi_{\mathrm{f}}, 0)^T$$

Aufgrund des rotierenden Koordinatensystems wird die Gegenspannung $\omega_{\mathrm{e}}\vec{\psi}_{\mathrm{s}}^{\mathrm{dq}}$ induziert und die Statorspannung lautet, Gl. 2.11:

$$\vec{u}_{\mathrm{s}}^{\mathrm{dq}} = R_{\mathrm{s}}\vec{i}_{\mathrm{s}}^{\mathrm{dq}} + \frac{\mathrm{d}\vec{\psi}_{\mathrm{s}}^{\mathrm{dq}}}{\mathrm{d}t} + j\omega_{\mathrm{e}}\vec{\psi}_{\mathrm{s}}^{\mathrm{dq}} \qquad \text{Gl. 2.11}$$

Der Statorfluss wird durch eine Induktivitätsmatrix L_{dq}in dq-Koordinaten und den Permanentmagnetfluss modelliert, Gl. 2.12.

$$\vec{\psi}_{\mathrm{s}}^{\mathrm{dq}} = L_{\mathrm{dq}}\vec{i}_{\mathrm{s}}^{\mathrm{dq}} + \vec{\psi}_{\mathrm{f}}^{\mathrm{dq}} \qquad \text{Gl. 2.12}$$

Die reguläre invertierbare Induktivitätsmatrix L_{dq}lautet für einen anisotropen, also richtungsabhängigen, Rotor, siehe Gl. 2.13.

$$L_{\mathrm{dq}} = \begin{pmatrix} L_{\mathrm{d}} & 0 \\ 0 & L_{\mathrm{q}} \end{pmatrix} \qquad \text{Gl. 2.13}$$

Das Drehmoment der PSM berechnet sich aus dem Kreuzprodukt zwischen Fluss und Strom, Gl. 2.14; K ist die Konstante der Clarke-Transformation und p beschreibt die Anzahl der magnetischen Polpaare der PSM.

$$T_{\mathrm{m}} = \frac{2}{3K} \cdot p \cdot \vec{\psi}_{\mathrm{s}}^{\mathrm{dq}} \times \vec{i}_{\mathrm{s}}^{\mathrm{dq}} \qquad \text{Gl. 2.14}$$

Aus dem Drehmoment T_{m} und der mechanischen Winkelgeschwindigkeit Ω_{m} folgt die an der Welle abgegebene mechanische Leistung, siehe Gl. 2.15.

$$P_{\mathrm{psm}}^{\mathrm{out}} = T_{\mathrm{m}} \cdot \Omega_{\mathrm{m}} \qquad \text{Gl. 2.15}$$

Die PSM nimmt folgende elektrische Leistung auf, Gl. 2.16

$$P_{\mathrm{psm}}^{\mathrm{in}} = \frac{2}{3K} \cdot (u_{\mathrm{sd}}i_{\mathrm{sd}} + u_{\mathrm{sq}}i_{\mathrm{sq}}) \qquad \text{Gl. 2.16}$$

Zwischenkreiskondensator

Der Zwischenkreiskondensator mit angeschlossener Traktionsbatterie kann vereinfacht, wie in Abbildung 2.4, modelliert werden. Im einfachsten Fall wird die Batterie nur mit einem Innenwiderstand R_{bat} modelliert, die Leitung vernachlässigt, und der Zwischenkreiskondensator C_{DC} als ideal betrachtet.

Aus dem ersten Kirchhoffschen Gesetz folgt die Beschreibung der Ströme, siehe Gl. 2.17. Der Strom i_{bat} fließt aus der Batterie, der Strom i_{c} fließt in den Kondensator und der Strom i_{DC} fließt in den Wechselrichter.

$$i_{\mathrm{bat}} - i_{\mathrm{c}} - i_{\mathrm{DC}} = 0 \qquad \text{Gl. 2.17}$$

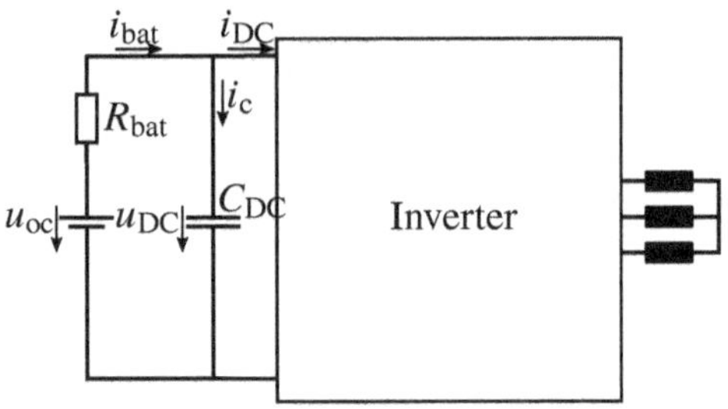

Abbildung 2.4: Ersatzschaltbild des HV-Bordnetzes mit Kondensator und Batterie

Aus dem zweiten Kirchhoffschen Gesetz folgt die Maschengleichung, Gl. 2.18.

$$u_{oc} + R_{bat} i_{bat} + 1/C_{DC} \int i_c dt = 0 \qquad \text{Gl. 2.18}$$

Zur genaueren Modellierung kann die Maschengleichung durch weitere elektrische Bauelemente erweitert werden und durch geschicktes Einsetzen von Gl. 2.17 und Gl. 2.18 leitet sich die Differentialgleichung der Zwischenkreisschaltung her.

Die Eingangsleistung des Wechselrichters berechnet sich aus dem Stromfluss in den Wechselrichter i_{DC} und der verfügbaren Zwischenkreisspannung u_{DC}, siehe Gl. 2.19:

$$P_{DC} = u_{DC} \cdot i_{DC} \qquad \text{Gl. 2.19}$$

2.2 Einführung in die Optimierung

Mittels der Optimierung soll eine optimale Regelung für den elektrischen Antriebsstrang entwickelt werden. Dafür wird die Grundidee der Optimierung erklärt und mathematische sowie numerische Methoden zum Finden eines Optimums vorgestellt.

Die Optimierung, ein Teilgebiet der Mathematik, beschäftigt sich mit der Suche nach Extremstellen einer ausgewählten Funktion. Eine Extremstelle kann entweder ein Maximum oder ein Minimum sein, das wiederum lokal oder global sein kann. Zum Beispiel ist eine globale Extremstelle der kleinste oder größte Funktionswert für den gesamten Wertebereich und alle übrigen Extremstellen werden als lokal bezeichnet. Die gefundene optimale Lösung ist immer optimal hinsichtlich der ausgewählten Funktion. Zur Unterscheidung sucht die Optimierung Extremstellen und das Optimierungsproblem sucht je nach Formulierung entweder das Minimum oder das Maximum, da in der praktischen Anwendung meistens nur eine der beiden Extremstellen von Interesse ist. Zum Beispiel möchte ein Unternehmen seine Gewinne maximieren und auf der anderen Seite seine Verluste minimieren. [24]

Bevor ein Optimierungsproblem (OP) mathematisch formuliert werden kann, muss zunächst eine Optimierungsaufgabe von einem Menschen erfasst werden und in einfachen Worten verbal beschrieben werden, siehe Abbildung 2.5. Im Rahmen dieser Arbeit ist eine Optimierungsaufgabe die verbale Beschreibung, wie der elektrische Antrieb optimal geregelt werden soll. Falls die erste verbale Beschreibung zu allgemein ist, findet eine Konkretisierung solange statt bis ein geeignetes mathematisches Modell für die Optimierungsaufgabe gefunden werden kann. Die mathematische Beschreibung wird als OP bezeichnet. Zur Findung der optimalen Lösung existieren Lösungsmethoden, zum einen analytische – meistens für eher einfache OP – und zum anderen numerische. Nachdem eine Lösung gefunden wurde, muss diese stets kritisch bewertet werden. Ist die verbale Beschreibung überhaupt sinnvoll und physikalisch umsetzbar? Ist die mathematische Beschreibung für meine Optimierungsaufgabe geeignet? Ist die verwendete Lösungsmethode für mein OP hinsichtlich Genauigkeit und Rechenzeit geeignet? Falls die gefundene Lösung nicht akzeptabel ist, findet eine iterative Anpassung der Optimierungsaufgabe, des Optimierungsproblems oder der verwendeten Lösungsmethode statt. Anderenfalls ist die Suche nach der optimalen Lösung abgeschlossen, die immer hinsichtlich der mathematischen Beschreibung optimal ist. [25]

Papageorgiou [26] unterscheidet zwischen statischer und dynamischer Optimierung. Bei der dynamischen Optimierung ist die Optimierungsvariable $\mathbf{x}$ zusätzlich von einer weiteren Variablen, die konkret von der Zeit t abhängig ist, also $\mathbf{x}(t)$. Im Folgenden werden ein Optimierungsproblem – statische Optimierung – und ein Optimalsteuerungsproblem – dynamische Optimierung – formuliert.

Anmerkung zur Schreibweisenkonvention: In der Optimalsteuerungstheorie werden mehrdimensionale Vektoren zur kompakteren Schreibweise verwendet. Variablen und Funktionen werden dabei durch fettgedruckte Symbole gekennzeichnet. Raumvektoren und Größen aus der Antriebstechnik hingegen werden mit einem

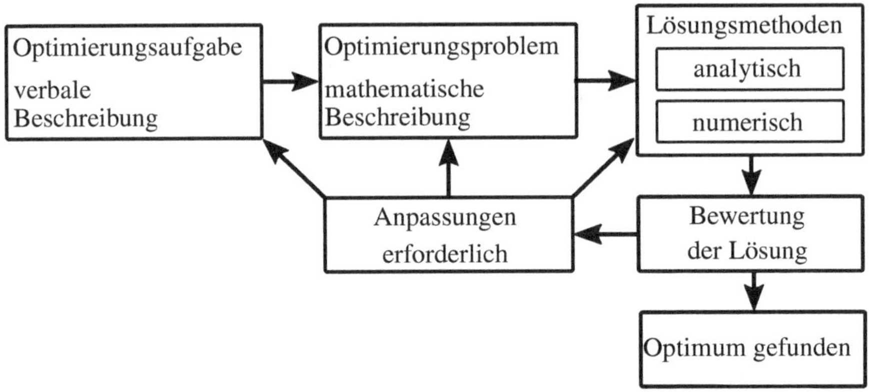

Abbildung 2.5: Methodik zum Finden der optimalen Lösung

Vektorpfeil notiert. Folglich bedeutet eine Variable $\mathbf{x} \in \mathbb{R}^n$ in der Vektorschreibweise $\mathbf{x} = (x_1, \cdots, x_n)^T$ und eine mehrdimensionale Funktion $\mathbf{f} \in \mathbb{R}^k$ in der Vektorschreibweise $\mathbf{f}(\mathbf{x}) = (f_1(\mathbf{x}), \cdots, f_k(\mathbf{x}))^T$.

2.2.1 Optimierungsproblem (OP)

Ein OP sucht eine optimale Lösung und bewertet den Lösungsraum hinsichtlich einer Kostenfunktion, welche je nach Zielvorgabe minimiert oder maximiert werden soll. In der einfachsten Form besteht das OP nur aus einer Kostenfunktion. Nebenbedingungen und Randbedingungen erweitern das OP zur Beschreibung der Optimierungsaufgabe und erschweren oder vereinfachen das Finden einer Lösung, da diese stets erfüllt werden müssen. Zum Beispiel verkleinert eine Beschränkung der Optimierungsvariablen den möglichen Lösungsraum und vereinfacht das Lösen, jedoch können durch zu viele Beschränkungen oder durch nicht lineare schwer lösbare Nebenbedingungen das Lösen erschwert werden. In dieser Arbeit wird die kontinuierliche Optimierung mit kontinuierlichem Lösungsraum $x \in \mathbb{R}^n$ und nicht die ganzzahlige Optimierung mit diskretem Lösungsraum $x \in \mathbb{Z}^n$, welche meistens eine kombinatorische Struktur aufweist, betrachtet. Allgemein kann jedes stationäres OP als NLP formuliert werden, siehe Gl. 2.20-Gl. 2.22. [27]

$$\underset{x \in R^n}{\text{minimiere}} \quad f(x) \qquad \text{Gl. 2.20}$$

$$\text{unter Berücksichtigung} \quad \mathbf{g}(x) = 0 \qquad \text{Gl. 2.21}$$

$$\mathbf{h}(x) \leq 0 \qquad \text{Gl. 2.22}$$

Die Optimierungsvariable ist $x \in \mathbb{R}^n$ und Gl. 2.20 beschreibt die zu minimierende skalare Kostenfunktion $f(x)$. Die Neben- und Randbedingungen werden per Definition des OP nach Null umgeformt notiert, sodass diese als mehrdimensionale Gleichheitsbedingung Gl. 2.21 oder mehrdimensionale Ungleichheitsbedingung Gl. 2.22 formuliert werden können.

Um in der Praxis das OP effizient lösen zu können, wird dieses nach seiner mathematischen Struktur klassifiziert:

1. lineare Programmierung, engl. *linear program* (LP)
2. quadratische Programmierung, engl. *quadratic program* (QP)
3. nicht lineare Programmierung, engl. *nonlinear program* (NLP)

Ein LP und ein QP können als Sonderfälle der allgemeinen Formulierung betrachtet werden. Ein LP behandelt die lineare Optimierung mit linearer Kostenfunktion und linearen Nebenbedingungen, ein QP behandelt die quadratische Optimierung mit quadratischer Kostenfunktionen und quadratischen Nebenbedingungen, und ein NLP behandelt die nicht lineare Optimierung mit nicht linearer Kostenfunktionen und nicht linearen Nebenbedingungen [27]. In der Literatur wird in diesem Fall der Begriff Programmierung synonym zu Optimierung verwendet [24].

Konvexität ist eine wichtige Eigenschaft von Funktionen, welche das Lösen vereinfacht. Ist eine Funktion konvex, dann ist ein lokales Minimum auch immer ein globales Minimum. Außerdem gilt, dass die Schnittmenge von konvexen Mengen wieder eine konvexe Menge ergibt. Übertragen auf ein OP bedeutet dies, falls alle Nebenbedingungen sowie die Kostenfunktion konvex sind, ist auch das OP konvex. Ferner gilt dasselbe für ein Optimalsteuerungsproblem. [26]

2.2.2 Optimalsteuerungsproblem (OSP)

Die Variationsrechnung ist ein Teilgebiet der Mathematik, die sich mit der Minimierung oder Maximierung von Funktionalen beschäftigt. Funktionale sind z.B. Integrale über unbekannte Funktionen. Die Variationsrechnung liefert die Grundlagen für ein Optimalsteuerungsproblem (OSP) [28]. Eine Besonderheit der Variationsrechnung ist, dass eine Differentialgleichung als Nebenbedingung erfüllt werden muss. Diese Differentialgleichung beschreibt die Dynamik des zu regelnden Systems – im Rahmen der Arbeit wird z.B. die Dynamik der PSM beschrieben. Zusätzlich wird die Optimierungsvariable in Zustandsvektoren und Steuervektoren unterteilt. [29]

Ein OSP unterscheidet sich von einem OP durch folgende Merkmale:

- zeitlich veränderliche Optimierungsvariablen, unterteilt in Zustandsvektor $\mathbf{x}(t)$ und Steuervektor $\mathbf{u}(t)$,
- ein Funktional bzw. Kostenfunktional $J(\mathbf{x}(t), \mathbf{u}(t), t_f)$,
- und eine Differentialgleichung als Nebenbedingung.

Das Ziel des OSP ist es, eine optimale Trajektorie für den Steuervektor und den Zustandsvektor zu finden. Die Formulierung wird in der Literatur durch die äquivalenten Schreibweisen nach Bolza oder Mayer beschrieben. Die kontinuierlicher Formulierung nach Bolza lautet: [26, 27]:

$$\underset{\mathbf{x}(t),\mathbf{u}(t)}{\text{minimiere}} \quad \underbrace{K(\mathbf{u}(t_f), t_f) + \int_0^{t_f} L(\mathbf{x}(t), \mathbf{u}(t), t)\, dt}_{=J(\mathbf{x}(t),\mathbf{u}(t),t_f)} \qquad \text{Gl. 2.23}$$

$$\text{unter Berücksichtigung} \quad \dot{\mathbf{x}}(t) = \mathbf{f}(\mathbf{x}(t), \mathbf{u}(t), t) \qquad \text{Gl. 2.24}$$

$$\mathbf{x}(t_0) - \mathbf{x}_0 = 0 \qquad \text{Gl. 2.25}$$

$$\mathbf{x}(t_f) - \mathbf{x}_{t_f} = 0 \qquad \text{Gl. 2.26}$$

Die Steuergröße $\mathbf{u}(t) \in \mathbb{R}^m$ und Zustandsgröße $\mathbf{x}(t) \in \mathbb{R}^n$ sind die Optimierungsvariablen; t_f beschreibt die Endzeit. Das Kostenfunktional $J(\mathbf{x}(t), \mathbf{u}(t), t_f)$, das zu minimieren ist, ist eine skalare Größe, siehe Gl. 2.23, und besteht aus den Endkosten K und den laufenden Kosten L. Als Nebenbedingungen beschreibt Gl. 2.24 die Dynamik, Gl. 2.25 den Anfangszustand und Gl. 2.26 den Endzustand des Systems.

Allgemein sind der Anfangszustand und der Endzustand der Zustandsgrößen Gleichheitsbedingungen und können mit anderen Gleichheitsbedingungen der Steuer- und Zustandsgrößen in Gl. 2.27 zusammengefasst werden:

$$\mathbf{g}(\mathbf{x}(t), \mathbf{u}(t)) = 0 \qquad \text{Gl. 2.27}$$

Zur Begrenzung der Zustandsgrößen und Steuergrößen kann die Ungleichheitsbedingung Gl. 2.28 hinzugefügt werden. In der Anwendung müssen sowohl physikalische Grenzen als auch Systemgrenzen, wie die Spezifikationen der Komponenten, berücksichtigt werden.

$$\mathbf{h}(\mathbf{x}(t), \mathbf{u}(t)) \leq 0 \qquad \text{Gl. 2.28}$$

2.2.3 Lösungsmethoden eines OP

Grundsätzlich existieren analytische und numerische Lösungsmethoden für ein OP. Einfache mathematische Formulierungen einer Kostenfunktion können noch analytisch gelöst werden; z.B. das Finden eines Minimums einer quadratischen Funktion, wie $f(x) = x^2 + x + 2$. Die analytische Lösbarkeit ist gegeben, wenn die Funktion analytisch beschrieben werden kann und mindestens einmal differenzierbar ist. Falls ein OP zu komplex oder analytisch nicht lösbar ist, müssen numerische Verfahren zur Lösungsfindung eingesetzt werden. Zum Beispiel kann der gesamte Lösungsraum mit kleinen x-Werten systematisch durchsucht werden; jedoch weist dieses Vorgehen eine hohe Rechenzeit auf. Daher werden im Folgenden geschicktere Verfahren vorgestellt. [26]

Je nach Struktur der Kostenfunktion und Nebenbedingung existieren unterschiedliche Algorithmen, um den Rechenaufwand zum Lösen des OP zu minimieren. Tabelle 2.2 liefert einen kleinen Überblick über verschiedene Algorithmen. Da jede genannte Optimierungsklasse auch mit numerischen Lösungsmethoden für ein NLP gelöst werden kann, wird die Struktur und Funktionsweise dieser Algorithmen allgemein beschrieben.

Tabelle 2.2: Übersicht bekannter Verfahren zum Lösen eines OP

Problemklasse	Algorithmen
LP	Simplex [30]
QP	Active-Set, Innere-Punkte [31]
NLP	SQP [32], IPOPT (Innere Punkte Optimierer) [33] [34], Newton [35], Nelder-Mead [36]

Struktur numerischer Verfahren zur Lösung eines NLP

Ein Algorithmus zum Finden der Lösung eines NLP und damit eines OP ist ein iterativer Suchalgorithmus, der als Solver bezeichnet wird. Viele Suchalgorithmen lassen sich durch folgende Struktur beschreiben: [37], [26]:

1. Initialisierung: Der Solver benötigt Startwerte für alle Variablen, um mit der Suche starten zu können.
2. Auswertung der Kostenfunktion und Nebenbedingungen: Die Kostenfunktion und die Nebenbedingungen werden für die aktuellen Wert der Variablen ermittelt.
3. Bestimmung der Suchrichtung: Der Solver bestimmt die Richtung, in der die Kostenfunktion minimiert werden soll, d.h. die Änderungen, die an den Variablen vorgenommen werden sollen, um den Wert der Kostenfunktion zu minimieren und gleichzeitig die Nebenbedingungen zu erfüllen.
4. Berechnung der Schrittweite: Der Solver berechnet die Schrittweite, d.h. den Betrag, um welchen die Variablen geändert werden sollen, damit die Kostenfunktion unter Erfüllung der Nebenbedingungen minimiert wird.
5. Aktualisierung der Variablen: Der Solver aktualisiert die Schätzung der Variablen.
6. Überprüfung der Abbruchbedingung: Der Solver überprüft, ob das Optimierungsproblem gelöst ist, d.h. ob die Kostenfunktion einen Mindestwert erreicht hat. Bei nicht gefundener Lösung werden die Punkte 2 bis 6 iterativ ausgeführt. Außerdem wird die Suche durch das Überschreiten der maximalen Anzahl an Iterationen beendet.
7. Ausgabe der Lösung: Die geschätzte optimale Lösung wird angezeigt.

Zum Beispiel weisen die Gradientenverfahren, die Newton-Verfahren diese algorithmische Struktur auf, aber unterscheiden sich in der Wahl der Abstiegsrichtung.

Das Trust-Region-Verfahren bestimmt Suchrichtung und Schrittweite gleichzeitig und weist daher eine etwas andere Struktur auf. Diese Algorithmen setzen stetige Differenzierbarkeit der Funktionen voraus, damit die Ableitung bzw. der Gradient gebildet werden kann. Demgegenüber benötigen gradientenfreie Verfahren keine analytische Formulierung der Ableitung, sondern berechnen meistens diesen numerisch, weshalb sie oft langsamer konvergieren. Das Nelder-Mead-Verfahren ermittelt z.B. keine Ableitung oder Gradienten und weist zusätzlich eine andere Struktur als oben beschrieben auf [26].

Die Rechenintensivität zur Findung einer Lösung, hängt zum einem von der Formulierung des OP, und zum anderen von der Wahl des Solvers und dessen Einstellungen ab. Falls die Schrittweite eines nicht linearen Solvers zu klein gewählt wird oder falls die Abbruchbedingung zu klein gewählt wird, werden mehr Iterationen und Funktionsaufrufe durchgeführt, wodurch sich die Rechendauer verlängert. Das Ziel eines schnellen Solvers sollten möglichst wenig Iterationen und Funktionsaufrufe sein [37].

2.2.4 Lösungsmethoden eines OSP

Aus der Literatur sind drei grundsätzliche Methoden zur Lösung eines dynamischen Optimierungsproblems bzw. eines Optimalsteuerungsproblems bekannt. In [38], [26], [27] wird ein Überblick über den direkten und indirekten Ansatz gegeben.

- Direkter Ansatz, bekannt als *first discretize and solve*: Sowohl die Zustandsvektoren als auch die Steuervektoren werden zeitlich diskretisiert. Dadurch wird das OSP zu einem OP, welches mit bekannten Lösungsmethoden eines OP gelöst werden kann. [27]
- Indirekter Ansatz, bekannt als *first solve and discretize*: Das OSP wird mithilfe der Optimalitätsbedingung von Pontryagins Minimumprinzip (PMP) in ein erweitertes Differentialgleichungssystem überführt. Das PMP liefert eine mathematische Beschreibung, um die Lösung analytisch zu ermitteln. In der Anwendung können die meisten Probleme nur numerisch gelöst werden. Die erweiterten Gleichungen werden diskretisiert und anschließend wie ein OP gelöst. [38]

- Dynamische Programmierung: Dies ist ein Lösungsansatz für ein kombinatorisches OSP und die optimale Lösung wird aus mehreren Teilproblemen berechnet. [39]

Pontryagins Minimumprinzip

Pontryagins Minimumprinzip (PMP) ist ein grundlegendes mathematisches Konzept im Bereich der Optimalsteuerungstheorie [40] und liefert Bedingungen, welche erfüllt sein müssen, um die optimale Lösung eines OSP zu finden. Dafür wird das OSP nach PMP umgeschrieben – in eine zu minimierende Hamiltonfunktion, ein zu lösendes Randwertproblem bestehend aus der Differentialgleichung des Systems und einer erweiterten adjungierten Differentialgleichung und weiteren notwendigen Bedingung je nach Art der Nebenbedingungen des OSP. Im Folgenden wird das PMP für ein OSP mit Stellgrößenbeschränkung und ohne Zustandsgrößenbeschränkung formuliert. [26] [41]

Die Hamiltonfunktion, Gl. 2.29, ist eine skalare Funktion, welche das OSP löst. Dies bedeutet, dass die Stellgröße $\mathbf{u}(t)$, welche die Hamiltonfunktion minimiert, auch die optimale Steuerung bzw. optimale Lösung ist.

$$H(\mathbf{x}(t), \mathbf{u}(t), \lambda(t)) = L(\mathbf{x}(t), \mathbf{u}(t), t) + \lambda(t)^{\mathrm{T}} \cdot \mathbf{f}(\mathbf{x}(t), \mathbf{u}(t)) \qquad \text{Gl. 2.29}$$

Aus dem ursprünglichen OSP stammen die laufenden Kosten L, auch Lagrangefunktion genannt, sowie die Dynamik $\mathbf{f}$ des Systems. Zur Formulierung des PMP werden neue Co-Zustände $\lambda(t) \in \mathbb{R}^n$ oder auch Lagrange Multiplikatoren genannt, eingeführt, welche die gleiche Dimension wie der Zustandsvektor $\mathbf{x}(t)$aufweisen.

Aus den drei partiellen Ableitungen der Hamiltonfunktion werden die notwendigen Bedingungen zur Lösung des OSP hergeleitet.

$$\nabla_x H = \frac{\partial H}{\partial \mathbf{x}(t)} = -\frac{d\lambda(t)}{dt} \qquad \text{Gl. 2.30}$$

$$\nabla_\lambda H = \frac{\partial H}{\partial \lambda(t)} = \mathbf{f} \qquad \text{Gl. 2.31}$$

$$\nabla_u H = \frac{\partial H}{\partial \mathbf{u}(t)} = 0 \qquad \text{Gl. 2.32}$$

Differentialgleichung der Systemdynamik folgt aus Gl. 2.31 und die Anfangs- und Randbedingungen sind aus dem OSP bekannt:

$$\dot{\mathbf{x}}(t) = \mathbf{f}(\mathbf{x}(t), \mathbf{u}(t), t) \qquad \text{Gl. 2.33}$$

$$\text{Anfangsbedigungen:} \quad \mathbf{x}(t_0) = \mathbf{x}_0 \qquad \text{Gl. 2.34}$$

$$\text{Randbedigungen:} \quad \mathbf{x}(t_\mathrm{f}) = \mathbf{x}_f \qquad \text{Gl. 2.35}$$

Die adjungierte Differentialgleichung oder auch Differentialgleichung des Co-Zustands folgt aus Gl. 2.30:

$$\dot{\lambda}(t) = -\frac{\partial H}{\partial \mathbf{x}(t)} \qquad \text{Gl. 2.36}$$

$$\text{Transversalitätsbedingungen:} \quad \lambda(t_\mathrm{f}) = \frac{\partial K(\mathbf{u}(t_\mathrm{f}), t_\mathrm{f})}{\partial \mathbf{x}(t)} \qquad \text{Gl. 2.37}$$

Die Transversalitätsbedingungen beschreiben den Endwert des Co-Zustands, wobei K die Endkosten des Kostenfunktionals des ursprünglichen OSP sind. Wenn keine Bedingung für den Anfangswert der Co-Zustands vorliegt, muss der Anfangswert beliebig gewählt werden.

Die Minimumbedingung des PMP lautet, wobei U den beschränkten Raum der Stellgröße beschreibt:

$$\underset{\mathbf{u}(t) \in U,}{\text{minimiere}} \quad H(\mathbf{x}(t), \mathbf{u}(t), \lambda(t)) \qquad \text{Gl. 2.38}$$

Falls die Endzeit, also der Zeitpunkt t_f minimiert werden soll und folglich die zeitliche Dauer der optimalen Steuerung minimiert und eine zeitoptimale Trajektorie bestimmt werden soll, müssen weitere Bedingungen erfüllt werden. [26]. Für den Fall einer freien Endzeit t_f mit einem festen Endzustand der Zustände $\mathbf{x}(t)$ gilt als weitere Bedingung für die Hamiltonfunktion, siehe Gl. 2.39, wobei K die Endkosten des Kostenfunktionals sind:

$$H(\mathbf{x}(t_\mathrm{f}), \mathbf{u}(t_\mathrm{f}), \lambda(t_\mathrm{f}), t_\mathrm{f}) + K = 0 \qquad \text{Gl. 2.39}$$

In der Anwendung ist das analytische Lösen des PMP meistens sehr kompliziert oder sogar unmöglich, weshalb das Randwertproblem mit den beiden Differentialgleichungen in ein nicht lineares Gleichungssystem zum numerischen Lösen umgewandelt wird. Dieses Vorgehen wird als indirekte Lösungsmethode bezeichnet. [38]

3 Stand der Technik

Der Stand der Technik bietet einen Überblick über aktuelle Regelungsstrategien, Sonderbetriebspunkte sowie den sicheren Zustand einer permanentmagneterregten Synchronmaschine (PSM), um Stärken und Schwächen aktueller Methoden zu identifizieren und darauf aufbauend eine innovative Methode mittels der optimalen Steuerung zu finden.

Ein Traktionsantrieb muss in der Lage sein, ein gefordertes Drehmoment über den spezifizierten Drehzahlbereich hinweg präzise und zuverlässig zu liefern, siehe Abschnitt 3.1. Dies erfordert eine robuste und echtzeitfähige Drehmomentregelung. Zunächst wird die klassische feldorientierte Regelung (FOC) vorgestellt, die als Standard in der Antriebsregelung gilt. Ergänzend dazu werden zwei Stromregler thematisiert: der klassische entkoppelte PI-Regler und die moderne modellprädiktive Regelung (MPC).

Darüber hinaus wird die Regelung in Sonderbetriebspunkten und die Erreichung des sicheren Zustands eines Traktionsantriebs mit PSM thematisiert, siehe Abschnitt 3.2. Sonderbetriebspunkte sind spezifische Betriebszustände, die besondere Regelungsstrategien erfordern und von der normalen Drehmomentregelung abweichen. Der sichere Zustand bezeichnet einen Betriebsmodus, in dem die Maschine sicher betrieben oder abgeschaltet werden kann, ohne Mensch und Maschine zu schaden. In diesem Zusammenhang werden Methoden und Verfahren zur Herstellung des sicheren Zustands sowie deren Vor- und Nachteile vorgestellt.

3.1 Regelung einer permanentmagneterregten Synchronmaschine

Die allgemeine Aufgabe der Regelung eines Traktionsantriebs ist ein angefordertes Drehmoment bei unterschiedlicher Drehzahl einzustellen. Daher wird in diesem Abschnitt nur auf die Drehmomentregelung eingegangen, insbesondere werden die FOC und die MPC erläutert.

P. Wagner, *Optimale Regelung eines elektrischen Traktionsantriebs am Beispiel des sicheren Zustands*, Wissenschaftliche Reihe Fahrzeugtechnik Universität Stuttgart, https://doi.org/10.1007/978-3-658-50183-9_3

3.1.1 Die feldorientierte Regelung (FOC)

Die FOC ist eine Methode, um die Drehzahl oder das Drehmoment einer Drehfeldmaschine zu regeln. Für die Implementierung ist eine Koordinatentransformation, die Clarke- und Parktransformation, erforderlich, um dreiphasige Wechselgrößen in zweiphasige Gleichgrößen von Strom und Spannung umzuwandeln. Dadurch regelt der Stromregler eine Gleichgröße als Sollwert ein. Zusätzlich erfordert die FOC eine Rückführung des gemessenen Stroms und des Positionssignals. Die Reglerstruktur ist in Abbildung 3.1 als Blockschaltbild skizziert [42], [43], [44].

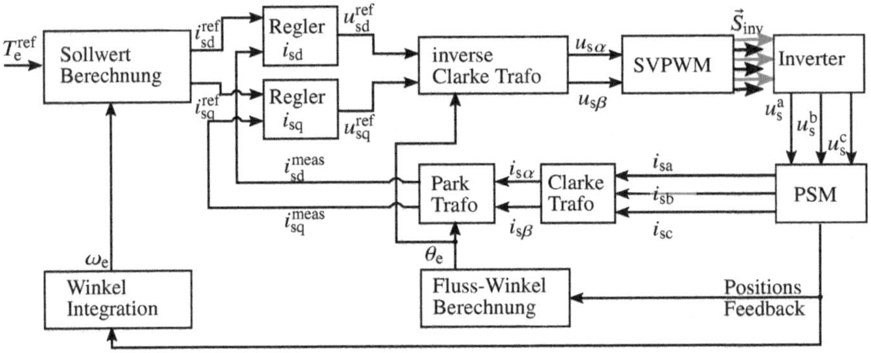

Abbildung 3.1: Blockschaltbild der indirekten feldorientierten Regelung

Die Literatur unterscheidet zwischen der direkten und der indirekten FOC. Bei der indirekten Reglerstruktur wird zusätzlich ein Spannungsmodulationsverfahren benötigt, das die Schaltzeiten berechnet. Bei der direkten FOC, auch als DTC bekannt, berechnet der Regler die Schaltsignale selbst. Daher ist keine Spannungsmodulation notwendig [45]. Ein Vorteil ist die höhere Dynamik, jedoch ist das harmonische Spektrum des Stroms nicht deterministisch wie bei einem Modulationsverfahren mit SVPWM [46]. Innerhalb der FOC können verschiedene Arten von Stromreglern verwendet werden, darunter ein entkoppelter PI-Regler oder eine MPC.

3.1.2 Die Spannungsmodulation

Ziel der Spannungsmodulation ist einen gewünschten beliebigen Spannungsraumzeiger einzustellen, damit das gewünschte Maschinenverhalten eingeprägt wird. Der Regler gibt einen Spannungsraumzeiger aus, der durch das Modulationsverfahren approximiert wird. Ein Wechselrichter kann acht Grundspannungszeiger einstellen, darunter sechs aktive Spannungszeiger und zwei Nullspannungszeiger, siehe Tabelle 3.1. Die aktiven Spannungszeiger bestimmen die Phasenlage, während die Nullspannungszeiger die maximal einstellbare Amplitude begrenzen.

Tabelle 3.1: Die acht aktiven Spannungszeiger eines Zwei-Level-Wechselrichters

Zustand	u_{inv}^{A}/u_{DC}	u_{inv}^{B}/u_{DC}	u_{inv}^{C}/u_{DC}	u_{s}^{a}/u_{DC}	u_{s}^{b}/u_{DC}	u_{s}^{c}/u_{DC}
0	-	-	-	0	0	-0
1	+	-	-	2/3	-1/3	-1/3
2	+	+	-	1/3	1/3	-2/3
3	-	+	-	-1/3	2/3	-1/3
4	-	+	+	-2/3	1/3	1/3
5	-	-	+	-1/3	-1/3	2/3
6	+	-	+	1/3	-2/3	1/3
7	+	+	+	0	0	0

Das Prinzip der Pulsweitenmodulation wird für einen beliebigen Spannungsraumzeiger angewendet. Soll ein Spannungsraumzeiger, der zwischen zwei Grundspannungszeigern liegt, eingestellt werden, werden die beiden Grundspannungszeiger abwechselnd moduliert. Im Mittel ergibt sich der gewünschte Spannungsraumzeiger an. Das Verhältnis der beiden Grundspannungszeiger bestimmt den Winkel des beliebigen Spannungsraumzeigers. Aufgrund der Eigenschaften einer Induktivität wird in der Maschine ein mittlerer Strom eingestellt und der entsprechende magnetische Fluss. Da der Strom in einer Induktivität nicht springen kann, wird seine Änderungsrate durch die Induktivität bestimmt. Um einen Spannungsraumzeiger mit beliebiger kürzerer Amplitude einzustellen, wird im Verhältnis der Nullspannungszeiger geschaltet. Durch abwechselndes Einschalten zwischen den beiden aktiven Grundspannungszeigern und den Nullspannungszeigern wird im Mittel ein beliebiger Spannungsraumzeiger eingestellt, siehe Abbildung 3.2. [22].

Durch Übermodulation wird die maximale Spannungsausnutzung der Zwischenkreisspannung vergrößert, wodurch Spannungszeiger in den Eckpunkten eines Hexagons eingestellt werden können. Ein Nachteil ist das Auftreten höherer harmonischer Ströme. [47] [48] [49]

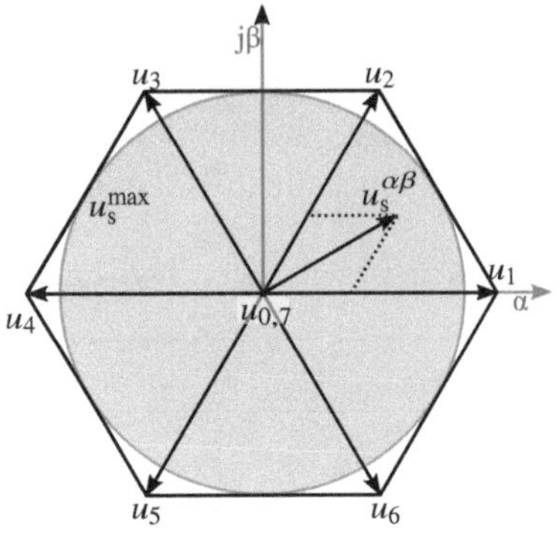

Abbildung 3.2: Zeigerdiagramm der Raumzeigermodulation

3.1.3 Der entkoppelte Stromregler

Ein klassischer Stromregler für eine PSM besteht meistens aus einem PI-Regler, einem Entkopplungsnetzwerk und einer Vorsteuerung, siehe Abbildung 3.3. Die alleinige Verwendung eines PI-Reglers ist nicht ausreichend, da dieser die drehzahlabhängige Kopplung zwischen den Strömen i_{sd} und i_{sq} nicht schnell ausregeln kann. Daher wird eine Entkopplung der Ströme durch die Induktivitäten benötigt. Bei einer realen PSM ist eine vollständige Entkopplung aufgrund von Parameterungenauigkeiten nicht möglich. Damit der Regler bei unterschiedlichen Drehzahlen zuverlässig arbeitet, wird die drehzahlabhängige induzierte Spannung des Magneten $\omega_e\psi_f$ ebenfalls vorgesteuert. Zusätzlich wird die zugehörige stationäre Spannung des Sollstroms vorgesteuert, damit der PI-Regler weniger ausregeln muss. [21]

Darüber hinaus existieren weitere Reglerkonzepte mit geänderter Struktur. Zum Beispiel findet bei einem CVD-Regler (engl. complex-vector-decoupling regulator) [50] die Entkopplung innerhalb des PI-Reglers statt. Dies wird erreicht, indem die Pole der Regelstrecke gekürzt werden, sodass der Regler robuster gegenüber Parameterungenauigkeiten wird.

3.1.4 Die modellprädiktive Regelung

Anstatt eines entkoppelten Stromreglers kann auch eine modellprädiktive Regelung (MPC) in die FOC integriert werden. Die MPC ist ein modernes Regelkonzept,

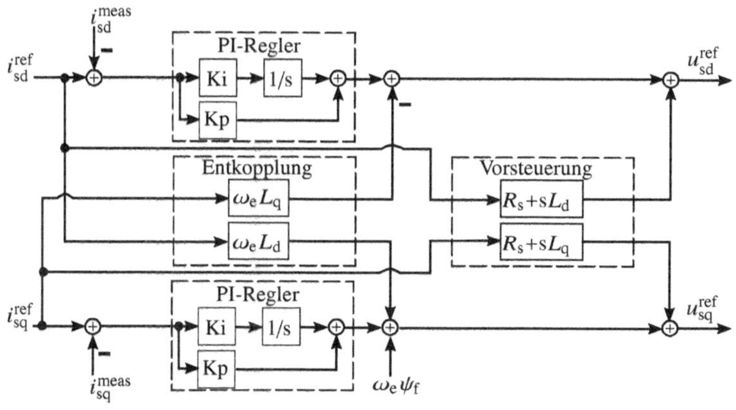

Abbildung 3.3: Blockschaltbild des entkoppelten Stromreglers

welches modellbasiert eine Eingangsfolge u_{osp} für die Regelstrecke berechnet und dabei Randbedingungen und Nebenbedingungen berücksichtigt. Dies ist von Vorteil, da ein PI-Regler die Stellgrößenbeschränkung durch eine limitierte Zwischenkreisspannung als auch die Zustandsgrößenbeschränkung durch einen maximal zulässigen Statorstrom nicht berücksichtigen kann [51]. Dafür benötigt ein PI-Regler weitere Maßnahmen, wie Anti-Windup-Strategien [52] [53]. Bei einer MPC wird das zugrundelegende OCP in jedem diskreten Zeitschritt gelöst, wobei nur der erste Wert des Steuervektors ausgeführt wird. Anschließend wird die gemessene Regelgröße für die Neuberechnung des nächsten Zeitschritts berücksichtigt. Dieses Prinzip ist als *Receding Horizon* oder *Moving Horizon* bekannt [54], siehe Abbildung 3.4.

Ab 1970 wurde die Idee der prädiktiven Regelung entwickelt [55]. Zuerst wurde die MPC in der Chemieindustrie angewendet, wo die Zeitkonstanten der Regelstrecke groß sind [56] [57]. Dahingegen liegen die sehr kleinen Zeitkonstanten in der Antriebstechnik aufgrund der PWM-Frequenz im Bereich von 50 µs bis 500 µs. Eine KI-basierte MPC ermöglicht längere Zeithorizonte zu prädizieren. Dies stellt aber in der Anwendung im Steuergerät eine Herausforderung dar [58].

Der Prädiktionshorizont definiert die Länge des Zustandsvektors x_{osp}. Falls der Prädiktionshorizont nicht die Dynamik der Regelstrecke erfasst, kann die Steuergröße u_{osp} die Dynamik nicht berücksichtigen.

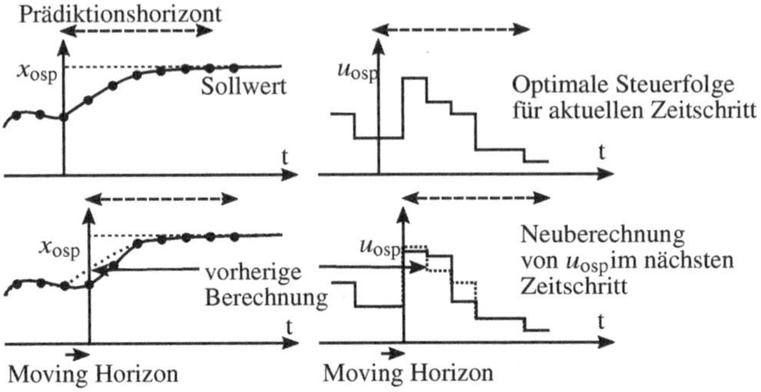

Abbildung 3.4: Prinzip der modellprädiktiven Regelung

Der Regelhorizont definiert die Länge des Steuervektors u_{osp} und ist stets kleiner als der Prädiktionshorizont. Da die ersten Werte des Steuervektors einen signifikanten Einfluss auf den Zustandsvektor haben, wird zur Reduzierung des Rechenaufwandes der Regelhorizont kleiner als der Prädiktionshorizont gewählt. In diesem Fall ist die Länge des Steuervektors kürzer als der Zustandsvektor. Damit der gesamte Zustandsvektor berechnet werden kann, wird der letzte berechnete Wert des Steuervektors konstant gehalten.

3.2 Sonderbetriebspunkte und der sichere Zustand einer PSM

Der sichere Betrieb einer PSM erfordert neben dem Normalbetrieb die Berücksichtigung von Sonderbetriebspunkten. Diese Arbeitspunkte beziehen sich auf spezifische Zustände, welche außerhalb des normalen Betriebsbereichs liegen. Wichtige Sonderbetriebspunkte und der sichere Zustand werden definiert, um keine Gefahr für Personen und Umwelt darzustellen. Um den sicheren Zustand zu erreichen, werden verschiedene Verfahren und Methoden eingesetzt.

3.2.1 Definition von Sonderbetriebspunkten

Die Regelung einer PSM umfasst in der Regel die Drehmomentregelung für den Normalbetrieb und die dazugehörigen Soll-Stromarbeitspunkte. Der Normalbetrieb bezieht sich auf den üblichen Fahrbetrieb eines elektrischen Fahrzeugs sowohl im motorischen – $i_{sq} > 0$ – als auch generatorischen – $i_{sq} < 0$ – Betrieb. Die Soll-Stromarbeitspunkte i_{sd}^{ref} liegen zwischen den Kennlinien des maximalen Drehmoments pro Strom (MTPA) und des maximalen Drehmoments pro Fluss (MTPF). Dahingegen sind Sonderbetriebspunkte je nach Anwendungsfall von besonderem Interesse und können außerhalb des Normalbereichs liegen. Deshalb werden diese gesondert untersucht, um alternative Regelungsstrategien zu betrachten, siehe Abbildung 3.5. Beispielhafte Sonderbetriebspunkte sind:

- Maximale Beschleunigung und Verzögerung
- Kalibrierung des Antriebs, z.B. bei kleinem Drehmoment nahe Null
- Sicherer Zustand

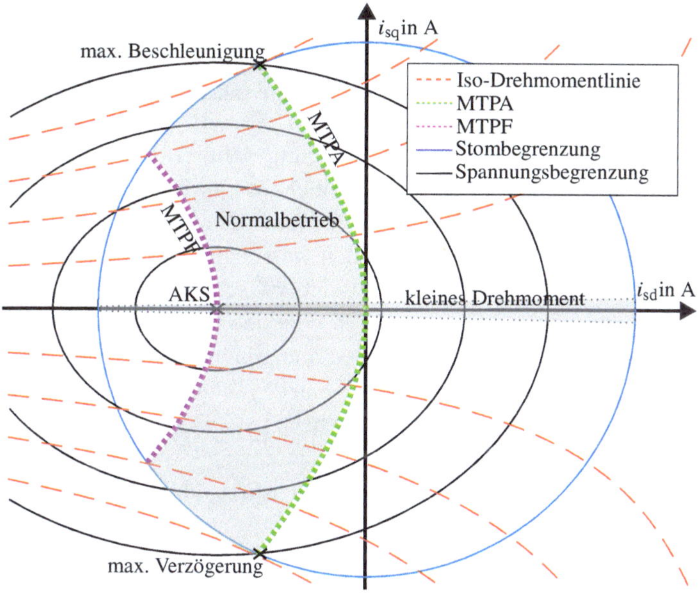

Abbildung 3.5: Betriebspunkte in der dq-Stromebene

3.2.2 Definition des sicheren Zustands

Im Rahmen der Funktionalen Sicherheit wird der Sicherheitsstandard nach ISO 26262 für Straßenfahrzeuge und dessen elektrischen und elektronischen Komponenten definiert [59]. Daraus folgt, dass im Fehlerfall ein System in seinen sicheren Zustand überführt werden muss, um sowohl den Eigenschutz zu gewährleisten als auch, dass keine Gefahr vom System ausgeht. Je nach System oder Anwendungsbereich wird der sichere Zustand unterschiedlich definiert, z.B. sollte der Motor eines Flugzeugs nicht ausgeschaltet werden, wohingegen der Motor bei einem Straßenfahrzeug ausgeschaltet werden kann. Bezogen auf den elektrischen Antrieb eines elektrischen Straßenfahrzeugs müssen folgende Anforderungen erfüllt werden [60]:

- ungewollte Beschleunigung des Fahrzeugs
- Personenschutz
- Komponentenschutz von Wechselrichter, elektrischer Maschine und Batterie

Oftmals ist der sichere Zustand nicht eindeutig definiert und die Sicherheit ist ein relatives Maß, welches innerhalb von einer Gesellschaft akzeptierten Schwelle liegt. Daher wird der sichere Zustand für jeden Anwendungsfall, hinsichtlich der Randbedingungen und den technischen Details, individuell bewertet werden [61]. Der sichere Zustand unterscheidet sich zwischen der Fahrzeugebene und den Antriebskomponenten. Grundsätzlich befindet sich ein Straßenfahrzeug im sicheren Zustand, wenn dieses im Stillstand an einem sicheren Ort ist [62]. Die Traktionsbatterie ist im sicheren Zustand, wenn das Batteriemanagementsystem die Traktionsbatterie vom HV-Bordnetz trennt [63]. [64]. Der Wechselrichter und die elektrische Maschine befinden sich im sicheren Zustand, wenn der Wechselrichter einen der beiden möglichen Zustände, aktiver Kurzschluss (AKS) oder Freilauf (FW) annimmt [65] [66], siehe Abbildung 3.6. Je nach Betriebspunkt vor dem Fehlerfall wird entweder FW oder AKS eingestellt.

Beim AKS trennt der Wechselrichter die elektrische Maschine vom Zwischenkreis, indem alle oberen oder unteren Schalter geschlossen werden. Der Strom fließt dann im Kreis über die Halbbrücken durch die Statorwicklungen, siehe Abbildung 3.6a. Im FW werden alle Schalter geöffnet und der Strom fließt immer über die Freilaufdioden in den Zwischenkreiskondensator C_{DC}. Falls die Batterie getrennt wird, kann sie keinen weiteren Strom aufnehmen und der gesamte Strom

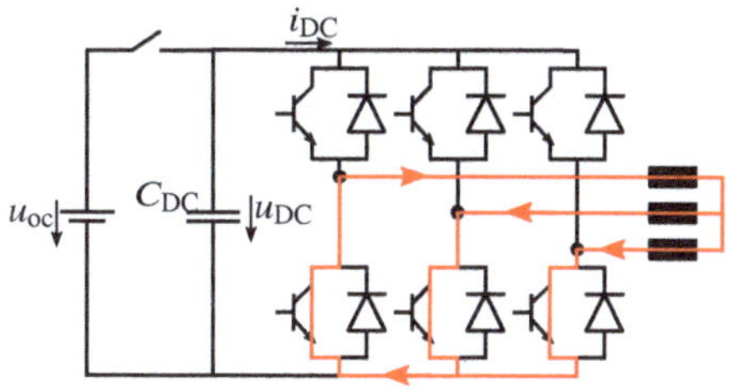

(a) unterer aktiver Kurzschluss (AKS)

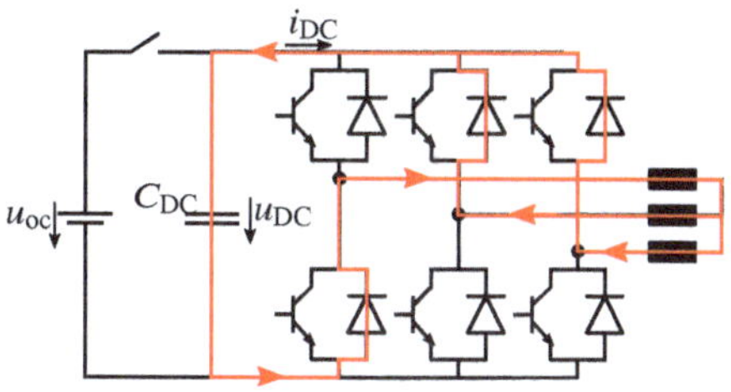

(b) Freilauf (FW)

Abbildung 3.6: Übersicht der sicheren Zustände eines elektrischen Antriebs

fließt in den Zwischenkreiskondensator, siehe Abbildung 3.6b. Dies verdeutlicht, dass der sichere Zustand der Batterie eine direkte Auswirkung auf den Zwischenkreiskondensator eines Wechselrichters hat. Wenn die Batterie nicht elektrisch mit dem HV-Bordnetz verbunden ist, sind zusätzliche Schutzmaßnahmen seitens des Wechselrichters erforderlich.

3.2.3 Herstellung des sicheren Zustands

Das Steuergerät spielt eine entscheidende Rolle bei der Herstellung des sicheren Zustands, wobei es darauf ankommt, die einzelnen Komponenten -- Zwischenkreiskondensator, Wechselrichter und PSM -- vor Schäden zu bewahren. Im Wesentlichen gibt es zwei Ansätze zur Herstellung des sicheren Zustands:

- Direktes Umschalten: Zunächst befindet sich der Antrieb im Normalbetrieb bzw. in der Drehmomentregelung und der Wechselrichter schaltet unverzüglich in den sicheren Zustand, AKS oder FW.
- Kontrolliertes Umschalten: Bevor vom Normalbetrieb in den sicheren Zustand geschaltet wird, wird ein geeigneter Arbeitspunkt eingestellt, von welchem aus der sichere Zustand hergestellt wird.

Neben der Herstellung muss der sichere Zustand auch stabil gehalten werden. Da die Grundfunktionalität eines elektrischen Antriebs das Stellen eines Drehmoments bei unterschiedlichen Drehzahlen ist, stellt die Drehmomentregelung den Normalbetrieb dar. Der sichere Zustand wird daher aus dem Normalbetrieb hergestellt. Insgesamt können vier Zustände als Startzustand zur Herstellung des sicheren Zustands betrachtet werden: Die PSM befindet sich entweder im motorischen oder generatorischen Betrieb, oder das Batterieschütz ist offen oder geschlossen, siehe Abbildung 3.7. Der Fall eines sich plötzlich öffnenden Batterieschützes ist ein Sonderfall und wird als Lastabwurf bezeichnet. Dies tritt bei einem Fehler der Batterie auf. Die Regelung des elektrischen Antriebs kann in drei Ebenen unterteilt werden:

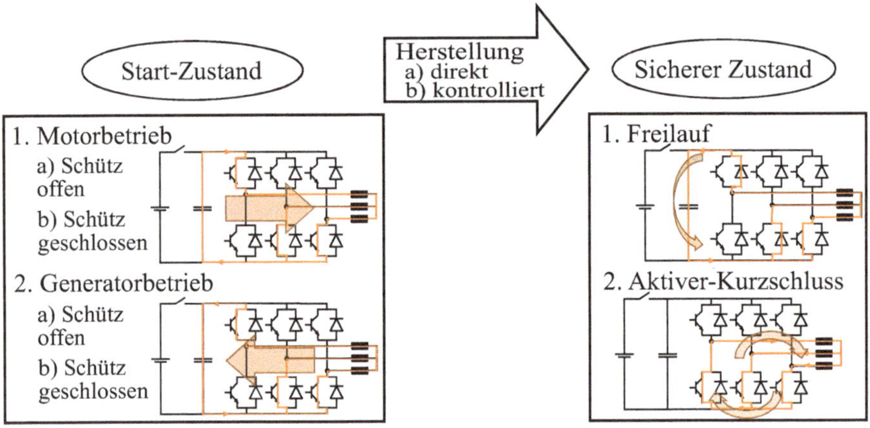

Abbildung 3.7: Startzustände zur Herstellung des sicheren Zustands

erstens die Regelung, zweitens das Monitoring und drittens den Schutz. Fehler können hardwareseitig oder softwareseitig entstehen. Sobald ein Fehler erkannt wird, stellt das Steuergerät den sicheren Zustand entweder direkt oder kontrolliert her, siehe Abbildung 3.8.

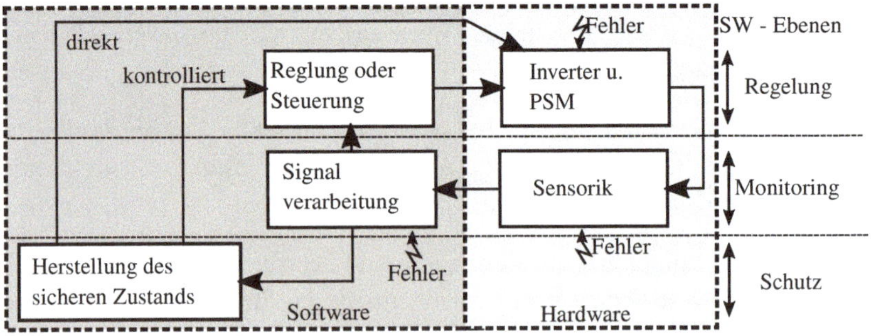

Abbildung 3.8: Blockschaltbild der Softwarestruktur zur Herstellung des sicheren Zustands

3.2.4 Aktuelle Verfahren und Methoden

Die klassischen Verfahren zur Herstellung des sicheren Zustands eines Traktionsantriebs umfassen das direkte Umschalten des Wechselrichters in die Schaltzustände AKS oder FW. Diese Methoden haben jedoch einen signifikanten Einfluss auf die Statorströme und die Zwischenkreisspannung, was potenziell zu dynamischen Ausgleichsvorgängen und Schäden im Antriebsstrang führen kann. Dies unterstreicht die Notwendigkeit für kontrollierte Umschaltstrategien, die eine präzisere Steuerung und Minimierung von Störungen ermöglichen. Alternativ kann die Robustheit der Hardware erhöht oder eine zusätzliche Hardwareschutzschaltung installiert werden, um die Sicherheit weiter zu verbessern. Dieses Unterkapitel untersucht die verschiedenen Verfahren und diskutiert deren Vor- und Nachteile.

Direkter AKS

Die einfachste Strategie zur Herstellung eines dreiphasigen Kurzschlusses in einer PSM lautet, alle oberen Schalter, also alle mit dem positiven Potenzial verbundene, einzuschalten, sodass die PSM kurzgeschlossen ist. Analog können alle unteren Schalter, also alle mit dem negativen Potenzial verbundene, eingeschaltet werden. Somit kann der Wechselrichter durch zwei unterschiedliche Schaltzustände die PSM kurzschließen. Infolgedessen können die Schaltverluste und die resultierende Erwärmung auf die oberen und unteren Schalter des Wechselrichters verteilt werden. Der Vorteil des direkten Kurzschließens ist, dass der aktive Kurzschluss sofort eingestellt wird und die PSM ein drehzahlabhängiges Bremsmoment einstellt, jedoch tritt während des Ausgleichsvorgangs je nach Arbeitspunkt ein Überstrom in den Statorwicklungen auf. Dies führt zu einer thermischen Belastung der Komponenten. [67],[68]. Darüber hinaus können Überströme den Permanentmagneten irreversibel entladen.

Direkter FW

Wird aus einem beliebigen Arbeitspunkt direkt der FW eingestellt, wird die elektrische Energie zurückgespeist. Hierbei besteht die Gefahr von Überspannungen in der Batterie oder dem Zwischenkreiskondensator. Insbesondere bei geöffnetem Batterieschütz fließt die gesamte Energie in den Zwischenkreiskondensator. Daher kann der FW nur bei kleinen elektrischen Leistungen bzw. niedrigen Drehzahlen eingestellt werden oder zusätzliche hardware- oder softwareseitige Maßnahmen sind erforderlich.

Gesteuerter AKS

Anstatt den AKS direkt herzustellen, kann dieser schrittweise eingestellt werden. Dazu wird die Amplitude der Statorspannung linear verkleinert, bis die Amplitude 0 V beträgt. Anschließend schließt der Wechselrichter die Maschine dreiphasig kurz. Wird die Statorspannung langsam verkleinert, kann ein Überstrom durch den dreiphasigen Kurzschluss verkleinert werden. Ein Nachteil ist, dass der sichere Zustand verzögert hergestellt wird. [69]

Sicheres Abschalten bei Lastabwurf der Traktionsbatterie

Falls die Batterie plötzlich getrennt wird, muss der Zwischenkreiskondensator des Wechselrichters und die elektrische Maschine ohne Beschädigung in den sicheren Zustand überführt werden. Im Generatorbetrieb fließt die gesamte Energie in den Zwischenkreiskondensator, welcher vor Überspannungen geschützt werden muss. FW kann nicht genutzt werden, da in diesem Zustand immer elektrische Energie in die Maschine zurückgespeist wird. Der AKS erzeugt bei niedrigeren Drehzahlen einen transienten Überstrom, der die Halbleiter des Wechselrichters thermisch belastet.

Anstatt direkt den sicheren Zustand herzustellen, können zum Schutz des Zwischenkreiskondensators Lade- oder Entladezeiger gestellt werden [70]. Ferner wird der Energiefluss zwischen Zwischenkreiskondensator und elektrischer Maschine alleine durch die Schalterstellung des Wechselrichters bestimmt, welche unabhängig vom Arbeitspunkt der Maschine ist. In [71] und [72] wird eine Methode zum sicheren Abschalten einer elektrischen Maschine vorgestellt, welche die Idee von Lade- und Entladezeiger verwendet. Diese Methode wird in dieser Arbeit als sicheres Abschalten (STO) bezeichnet. Das Ziel von STO ist, dass sich die Zwischenkreisspannung während des Abschaltvorgangs zwischen einer maximal und minimal erlaubten Spannung befindet. Zur Realisierung wird ein Zweipunktregler verwendet. Um die Zwischenkreisspannung im erlaubten Spannungsbereich zu halten, werden abwechselnd Lade- und Entladezeiger in einem vorgegeben Verhältnis pro PWM-Takt eingestellt bis die obere bzw. die untere Spannungsgrenze erreicht ist. Nachdem die Zwischenkreisspannung eingeregelt ist, kann der sichere Zustand hergestellt werden. Zum Beispiel funktioniert diese Methode auch für eine IM [73].

Überspannungsschutz durch Hardwaremaßnahmen

Anstatt aufwendige Softwareverfahren zum kontrollierten Herstellen des sicheren Zustands zu nutzen, kann auch die Hardware robuster ausgelegt werden, damit direkte Verfahren angewendet werden können. Jedoch benötigt z.B. ein größerer Kondensator mehr Bauraum und verursacht zusätzliche Kosten. Eine Alternative ist ein Bremschopper. Dort wird die überschüssige Energie in einem Widerstand verbraucht, wodurch ein Anstieg der Zwischenkreisspannung verhindert wird [20][74], siehe Abbildung 3.9. Für elektrische Antriebe wird das Konzept eines Bremschoppers, welches eine zusätzliche Regelung zur Ansteuerung des IGBT benötigt, in [75] vorgestellt. Ein Vorteil des Brems-Choppers mit gesteuertem IGBT ist, dass der generatorische Betrieb bei vollgeladener Batterie ermöglicht wird und zusätzlich transiente Spannungen am Zwischenkreiskondensator unterdrückt werden können. Im Bereich der Energietechnik ist die Rückspeisung ins Energienetz ebenfalls nicht immer möglich oder erlaubt, z.B. aufgrund eines Fehlers im Netz oder aufgrund von Anforderungen an die Netzqualität. Zum Schutz vor Überspannungen beim Zurückspeisen kann eine B6-Brücke mit einem Bremschopper und einer B12-Brücke eingesetzt werden [76]. Aufgrund des begrenzten Bauraums bei mobilen Anwendungen in der Fahrzeugtechnik ist dies eine unerwünschte Lösung.

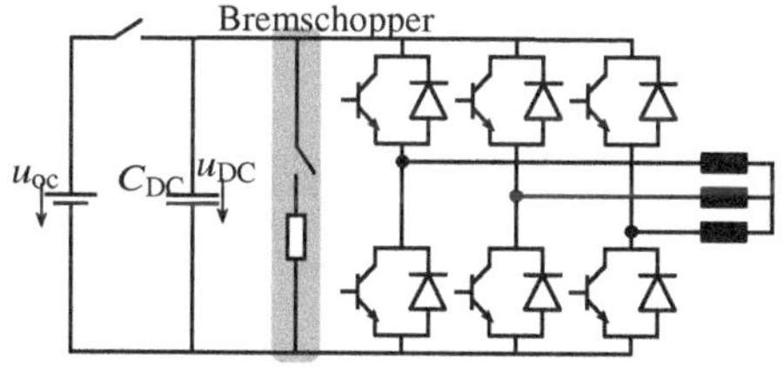

Abbildung 3.9: Ersatzschaltbild einer Hardwareschutzvorrichtung mit Bremschopper

4 Modellbasierter Arbeitspunktwechsel

Um den Arbeitspunkt einer elektrischen Maschine einzustellen, wird in der dq-Stromebene ein geeigneter Stromzeiger eingestellt. Aktuell wird meistens ein entkoppelter Stromregler verwendet. Eine MPC-Implementierung im Steuergerät benötigt aufgrund der kleinen Zeitkonstanten von $100\,\mu s$ viel Rechenzeit. Mit der neuartigen Methode wird ein OCP für den Arbeitspunktwechsel einer PSM formuliert. Darüber hinaus soll die Echtzeitfähigkeit auf einem Steuergerät berücksichtigt werden. Im ersten Teil wird die optimale Steuerung für einen beliebigen Arbeitspunktwechsel definiert, formuliert und gelöst. Im zweiten Teil wird das entwickelte Strommodell der optimalen Steuerung in ein bekanntes Verfahren zum sicheren Abschalten des Antriebs, STO genannt, bei Lastabwurf integriert, und hinsichtlich der Anwendung auf einem Seriensteuergerät optimiert.

4.1 Optimale Steuerung einer PSM

Das Ziel der neuartigen Methode ist, das Durchführen eines beliebigen Arbeitspunktwechsels einer PSM unter Berücksichtigung der Systemgrenzen und der Echtzeitfähigkeit auf einem Steuergerät. Bei bekannten Methoden zur Regelung eines Arbeitspunktwechsels kann ein klassischer entkoppelter Regler nicht die Dynamik nutzen. Dahingegen benötigen MPC speziell eigenentwickelte Solver zur Anwendung in Echtzeit auf einem Steuergerät und verbrauchen vergleichsweise viel Rechenzeit, um die Dynamik einer PSM zu berücksichtigen.

Die neuartige Methode zur optimalen Steuerung einer PSM besteht aus:

- Formulierung eines Optimalsteuerungsproblems (OCP)
- Offlinelösung zur Bestimmung der optimalen Steuerung
- Abspeicherung als Tabelle im Steuergerät
- Ausführung der optimalen Steuerung

P. Wagner, *Optimale Regelung eines elektrischen Traktionsantriebs am Beispiel des sicheren Zustands*, Wissenschaftliche Reihe Fahrzeugtechnik Universität Stuttgart, https://doi.org/10.1007/978-3-658-50183-9_4

Abbildung 4.1 zeigt die Reglerstruktur der optimalen Steuerung und die Integration in die FOC. Bei Aktivierung wird anstatt der Stellgröße des Stromreglers die optimale Spannungsfolge eingesetzt. Vor der Aktivierung wird der letzte bekannte Arbeitspunkt, basierend auf $\vec{i}_{\mathrm{s}}^{\mathrm{dq,meas}}$ und ω_{e}, zur Auswahl der Spannungsfolge verwendet. Anschließend wird die PSM in einen definierten Zielarbeitspunkt gesteuert.

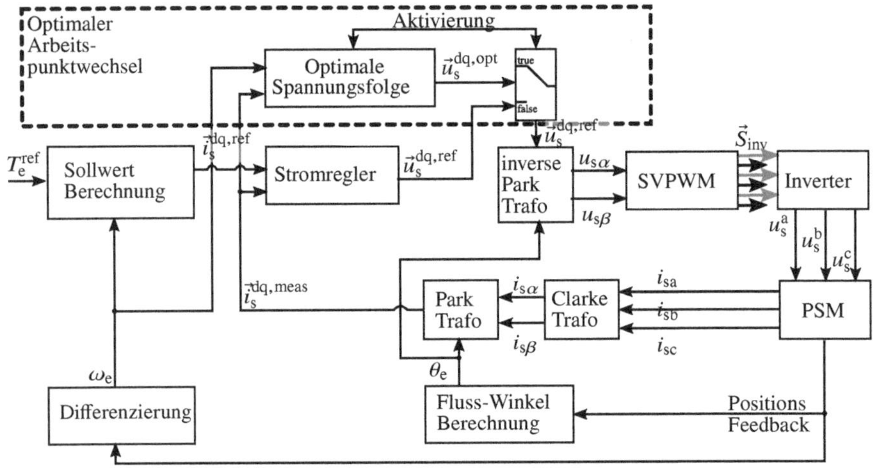

Abbildung 4.1: Blockschaltbild zur Integration der optimalen Steuerung in die FOC

4.1.1 Beschreibung der Optimierungsaufgabe und mathematische Formulierung des OSP

Zuerst erfolgt die verbale Formulierung der Optimierungsaufgabe; der Arbeitspunktwechsel wird durch zwei verschiedene Formulierungen beschrieben:

1. Führe einen Arbeitspunktwechsel schnellstmöglich aus und berücksichtige die Systemgrenzen.

2. Führe einen Arbeitspunktwechsel energieflussoptimal aus und berücksichtige die Systemgrenzen.

Das Optimierungsproblem oder hier das OSP ist die mathematische Beschreibung der beiden Optimierungsaufgaben für einen Arbeitspunktwechsel. Das Vorgehen lautet: Zuerst werden die Systemgrenzen des elektrischen Antriebs als Nebenbedingungen beschrieben, dann die verschiedenen Kostenfunktionen und abschließend das gesamte OSP aufgestellt.

Mathematisch sind mehrere unterschiedliche Formulierungen zur Erfüllung der beiden Optimierungsaufgaben denkbar. Zum Beispiel können Systemgrenzen als harte oder weiche Grenze oder die PSM Dynamik in dq- oder abc-Koordinaten definiert werden. Eine geeignete Wahl der Kostenfunktion beeinflusst am Ende die Lösbarkeit des OSP. Die mathematische Formulierung beinhaltet einen kontinuierlichen Lösungsraum, damit kein ganzzahliges Optimierungsproblem entsteht, um klassische Solver verwenden zu können. Die Nebenbedingungen umfassen:

- die Systemdynamik, welche dreiphasig oder in dq-Koordinaten beschrieben wird,
- die physikalischen Begrenzungen durch Strom und Spannung,
- die Definition des Start- und Zielarbeitspunkts.

Die Kostenfunktion ist

- betragsoptimal,
- oder energieoptimal.

In Abbildung 4.2 ist die Optimierungsaufgabe in dq-Koordinaten dargestellt. Der Strom ist die Zustandsgröße und die Spannung die Steuergröße. Zu Beginn befindet sich die PSM im Startarbeitspunkt und soll in den Zielarbeitspunkt überführt werden. Kreise beschreiben die Strom- und Spannungsgrenze. Die Dynamik der PSM beschreibt die Änderung des Stromarbeitspunkts in Abhängigkeit der Spannung. In einem kontinuierlichen Lösungsraum sind unendlich viele Spannungsfolgen möglich, um den Zielarbeitspunkt zu erreichen. Daher wird mit dem OSP eine optimale Spannungsfolge gesucht – optimal bezieht sich immer auf die gewählte Kostenfunktion. Zum Beispiel nutzt Trajektorie 1 die Eigendynamik der PSM und die maximal verfügbare Spannung, wohingegen Trajektorie 3 gegen die Eigendynamik arbeitet und somit mehr Zeit benötigt. Trajektorie 2 und die dazugehörige Spannungsfolge nutzen weder die maximale Spannung noch die Eigendynamik. Im Folgenden werden alle mathematischen Formulierungen des OSP hergeleitet.

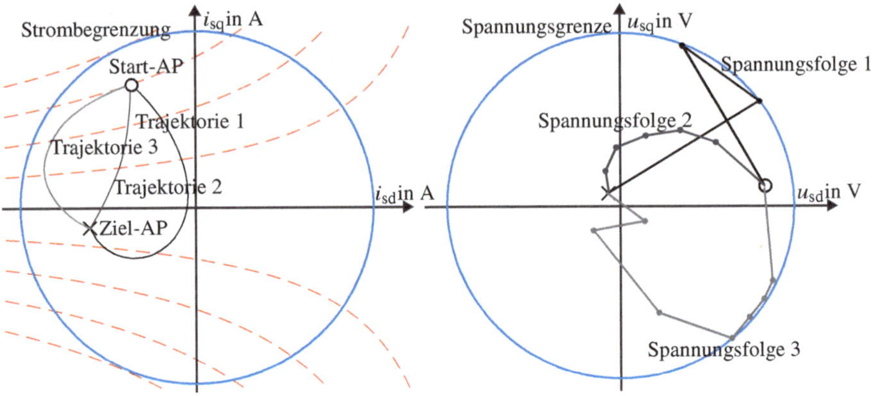

Abbildung 4.2: Zeigerdiagramm des OSP in der Strom- und Spannungsebene

Systemdynamik der PSM im dreiphasigen Modell

Die Dynamik der PSM wird durch die Stromänderung beschrieben. Dafür werden die Flussgleichung in die Spannungsgleichung eingesetzt und die partiellen Ableitungen gebildet, siehe Gl. 4.40.

$$\begin{aligned}
\vec{u}_s^{abc} &= R_s \vec{i}_s^{abc} + \frac{\mathrm{d}\overbrace{\left(L_{abc}\vec{i}_s^{abc} + \vec{\psi}_f^{abc}\right)}^{\vec{\psi}_s^{abc}}}{\mathrm{d}t} \\
&= R_s \vec{i}_s^{abc} + \frac{\mathrm{d}(L_{abc}(\theta_e)\cdot \vec{i}_s^{abc}(t))}{\mathrm{d}t} + \frac{\mathrm{d}\vec{\psi}_f^{abc}(\theta_e)}{\mathrm{d}t} \\
&= R_s \vec{i}_s^{abc} + \frac{\partial L_{abc}}{\partial \theta_e}\underbrace{\frac{\mathrm{d}\theta_e}{\mathrm{d}t}}_{\omega_e} \cdot \vec{i}_s^{abc} + L_{abc}\frac{\mathrm{d}\vec{i}_s^{abc}}{\mathrm{d}t} + \frac{\partial \vec{\psi}_f^{abc}}{\partial \theta_e}\underbrace{\frac{\mathrm{d}\theta_e}{\mathrm{d}t}}_{\omega_e}
\end{aligned} \qquad \text{Gl. 4.40}$$

Umgestellt nach der Stromänderungsrate, ergibt sich die Stromdynamik der PSM, siehe Gl. 4.41.

$$\frac{\mathrm{d}\vec{i}_s^{abc}}{\mathrm{d}t} = L_{abc}^{-1}\cdot\left(\vec{u}_s^{abc} - R_s\vec{i}_s^{abc} - \omega_e\frac{\partial L_{abc}}{\partial\theta_e}\cdot\vec{i}_s^{abc} - \omega_e\frac{\partial\vec{\psi}_f^{abc}}{\partial\theta_e}\right) \qquad \text{Gl. 4.41}$$

Die Inverse der Induktivitätsmatrix Gl. 2.4 ist im Abschnitt 2.1.2 beschrieben. Mathematisch ist die Inverse nicht definiert, wenn die $\det(L_{abc}) = 0$ wird. Ferner muss die Induktivitätsmatrix positiv definit sein, um invertierbar zu sein [77]. Die Eigenwerte werden exemplarisch für einen isotropen Rotor berechnet, siehe Gl. 4.42:

$$\det(L_{\mathrm{abc}} - \lambda I) = \det\begin{pmatrix} L-\lambda & M & M \\ M & L-\lambda & M \\ M & M & L-\lambda \end{pmatrix} = 0 \qquad \text{Gl. 4.42}$$

Die Lösung unter Anwendung der Regel von Sarrus aus Gl. 4.42 ergibt drei Eigenwerte Gl. 4.43, die positiv sein müssen, damit die Matrix invertierbar ist.

$$\lambda_{1,2} = L - M > 0, \qquad \lambda_3 = L + 2M > 0 \qquad \text{Gl. 4.43}$$

Dies ist erfüllt, wenn die Induktivität der Hauptdiagonalen die Streuinduktivität beinhaltet und die Gegeninduktivität wie folgt definiert ist, siehe Gl. 4.44. Insbesondere muss die Streuinduktivität berücksichtigt werden, damit die Matrix positiv definit ist.

$$L = L_{\mathrm{m}} + L_{\sigma} \quad \text{mit} \quad L_{\mathrm{m}} > L_{\sigma} > 0, \qquad M = -L_{\mathrm{m}}/2 \qquad \text{Gl. 4.44}$$

Der Einfluss der Streuinduktivität auf die Invertierbarkeit der Induktivitätsmatrix kann auf den allgemeineren Fall eines anisotropen Rotors übertragen werden, um eine numerische Lösbarkeit zu ermöglichen.

Systemdynamik der PSM im dq-Modell

Aus der Spannungsgleichung im dq-System, Gl. 2.11, kann die Dynamik bzw. die Stromänderung pro Zeit hergeleitet werden, siehe Gl. 4.45.

$$\vec{u}_{\mathrm{s}}^{\mathrm{dq}} = R_{\mathrm{s}}\vec{i}_{\mathrm{s}}^{\mathrm{dq}} + \frac{\mathrm{d}(L_{\mathrm{dq}}(i_{\mathrm{sd}}, i_{\mathrm{sq}}) \cdot \vec{i}_{\mathrm{s}}^{\mathrm{dq}} + \vec{\psi}_{\mathrm{f}}^{\mathrm{dq}}(i_{\mathrm{sd}}, i_{\mathrm{sq}}))}{\mathrm{d}t} + j\omega_{\mathrm{e}}(L_{\mathrm{dq}}\vec{i}_{\mathrm{s}}^{\mathrm{dq}} + \vec{\psi}_{\mathrm{f}}^{\mathrm{dq}}) \qquad \text{Gl. 4.45}$$

Die Strom- und Zeitabhängigkeit der Induktivitäten und des Permanentmagnetflusses werden durch Bildung der partiellen Ableitungen berücksichtigt, siehe Gl. 4.46.

$$\begin{aligned} \vec{u}_{\mathrm{s}}^{\mathrm{dq}} &= \begin{pmatrix} L_{\mathrm{d}} + \frac{\partial L_{\mathrm{d}}}{\partial i_{\mathrm{sd}}} i_{\mathrm{sd}} + \frac{\partial \psi_{\mathrm{f}}}{\partial i_{\mathrm{sd}}} & \frac{\partial L_{\mathrm{d}}}{\partial i_{\mathrm{sq}}} i_{\mathrm{sd}} + \frac{\partial \psi_{\mathrm{f}}}{\partial i_{\mathrm{sq}}} \\ \frac{\partial L_{\mathrm{q}}}{\partial i_{\mathrm{sd}}} i_{\mathrm{sq}} & L_{\mathrm{q}} + \frac{\partial L_{\mathrm{q}}}{\partial i_{\mathrm{sq}}} i_{\mathrm{sq}} \end{pmatrix} \cdot \frac{\mathrm{d}\vec{i}_{\mathrm{s}}^{\mathrm{dq}}}{\mathrm{d}t} \\ &+ \begin{pmatrix} R_{\mathrm{s}} & -\omega_{\mathrm{e}} L_{\mathrm{q}} \\ \omega_{\mathrm{e}} L_{\mathrm{d}} & R_{\mathrm{s}} \end{pmatrix} \cdot \vec{i}_{\mathrm{s}}^{\mathrm{dq}} + \begin{pmatrix} 0 \\ \omega_{\mathrm{e}} \psi_{\mathrm{f}} \end{pmatrix} \end{aligned} \qquad \text{Gl. 4.46}$$

Die vollständige Induktivitätsmatrix lautet:

$$L_{\mathrm{dq}} = \begin{pmatrix} L_{\mathrm{d}} + \frac{\partial L_{\mathrm{d}}}{\partial i_{\mathrm{sd}}} i_{\mathrm{sd}} + \frac{\partial \psi_{\mathrm{f}}}{\partial i_{\mathrm{sd}}} & \frac{\partial L_{\mathrm{d}}}{\partial i_{\mathrm{sq}}} i_{\mathrm{sd}} + \frac{\partial \psi_{\mathrm{f}}}{\partial i_{\mathrm{sq}}} \\ \frac{\partial L_{\mathrm{q}}}{\partial i_{\mathrm{sd}}} i_{\mathrm{sq}} & L_{\mathrm{q}} + \frac{\partial L_{\mathrm{q}}}{\partial i_{\mathrm{sq}}} i_{\mathrm{sq}} \end{pmatrix}$$

Nach Äquivalenzumformung folgt die Stromdynamik, Gl. 4.47.

$$\frac{\mathrm{d}\vec{i}_{\mathrm{s}}^{\mathrm{dq}}}{\mathrm{d}t} = L_{\mathrm{dq}}^{-1} \cdot (\vec{u}_{\mathrm{s}}^{\mathrm{dq}} - \begin{pmatrix} R_{\mathrm{s}} & -\omega_{\mathrm{e}} L_{\mathrm{q}} \\ \omega_{\mathrm{e}} L_{\mathrm{d}} & R_{\mathrm{s}} \end{pmatrix} \cdot \vec{i}_{\mathrm{s}}^{\mathrm{dq}} - \begin{pmatrix} 0 \\ \omega_{\mathrm{e}} \psi_{\mathrm{f}} \end{pmatrix}) \qquad \text{Gl. 4.47}$$

Falls die Induktivitäten sowie der Permanentmagnetfluss nicht stromabhängig sind – bekannt als lineares PSM-Modell –, vereinfacht sich die Inverse der Induktivitätsmatrix nach Gl. 4.48.

$$L_{\mathrm{dq}}^{-1} = \begin{pmatrix} 1/L_{\mathrm{d}} & 0 \\ 0 & 1/L_{\mathrm{q}} \end{pmatrix} \qquad \text{Gl. 4.48}$$

Start- und Zielarbeitspunkt

Die Start- und Endzustände müssen für das OSP definiert werden. Bevor die optimale Steuerung ausgeführt wird, befindet sich die PSM in einem Stromarbeitspunkt, welcher durch den Normalbetrieb definiert ist.

$$i_{\mathrm{sd}}(t = t_0) = i_{\mathrm{sd}}^0 \qquad i_{\mathrm{sq}}(t = t_0) = i_{\mathrm{sq}}^0 \qquad \text{Gl. 4.49}$$

Der Endarbeitspunkt kann je nach Anwendungsfall definiert werden und lautet allgemein:

$$i_{\mathrm{sd}}(t = t_{\mathrm{f}}) = i_{\mathrm{sd}}^{\mathrm{f}} \qquad i_{\mathrm{sq}}(t = t_{\mathrm{f}}) = i_{\mathrm{sq}}^{\mathrm{f}} \qquad \text{Gl. 4.50}$$

Stromgrenze

Der maximal zulässige Statorstrom wird in der dq-Stromebene als Kreis durch Gl. 4.51 beschrieben.

$$i_{\mathrm{s}}^{\max} \geq \sqrt{i_{\mathrm{sd}}^2 + i_{\mathrm{sq}}^2} \qquad \text{Gl. 4.51}$$

Alternativ lässt sich dieselbe Stromgrenze durch die dreiphasige Statorströme mit Gl. 4.52 beschreiben.

$$i_{\mathrm{s}}^{\max} \geq \sqrt{\frac{2}{3} \cdot (i_{\mathrm{sa}}^2 + i_{\mathrm{sb}}^2 + i_{\mathrm{sc}}^2)} \qquad \text{Gl. 4.52}$$

Spannungsgrenze

Die verfügbare Statorspannung hängt neben der Zwischenkreisspannung von der Spannungsausnutzung des Modulationsverfahrens ab. Daher kann die verfügbare Statorspannung als Kreis für ein Modulationsverfahren, wie SVPWM oder Sinusmodulation, beschrieben werden Gl. 4.53.

$$u_{\mathrm{s}}^{\max} \geq \sqrt{u_{\mathrm{sd}}^2 + u_{\mathrm{sq}}^2} \qquad \text{Gl. 4.53}$$

Die maximale verfügbare Spannung unterscheidet sich je nach Modulationsverfahren. Bei SVPWM beträgt $u_{\mathrm{s}}^{\max} = K \cdot \sqrt{3}/2 \cdot u_{\mathrm{DC}}$ und bei Sinusmodulation noch $u_{\mathrm{s}}^{\max} = K \cdot 3/4 \cdot u_{\mathrm{DC}}$, wobei K die Konstante der Koordinatentransformation ist.

Wenn der Wechselrichter im Blockbetrieb verwendet wird oder eine direkte Regelung die maximale verfügbare Spannung ausnutzt, ist die Spannungsbegrenzung in der dq-Spannungsebene ein Hexagon. Dies wird im dreiphasigen System mit zwei Ungleichungen, siehe Gl. 4.54, formuliert.

$$-\frac{u_{\mathrm{DC}}}{2} \leq \vec{u}_{\mathrm{s}}^{\mathrm{abc}} \leq \frac{u_{\mathrm{DC}}}{2} \qquad \text{Gl. 4.54}$$

Betragsoptimale Kostenfunktion

Um einen schnellstmöglichen Arbeitspunktwechsel durchzuführen, ist aus der Literatur die zeitoptimale Formulierung bekannt, welche die Zeit im Kostenfunktional minimiert. [26], [78], [79]

$$J(\mathbf{x}(t), \mathbf{u}(t), t_{\mathrm{f}}) = \int_0^{t_{\mathrm{f}}} 1 dt = t_{\mathrm{f}} \qquad \text{Gl. 4.55}$$

Falls die Endzeit t_{f} fest ist, kann ein schneller Arbeitspunktwechsel einer PSM durch Minimierung des Betrags zwischen dem aktuellen Arbeitspunkt und dem Zielarbeitspunkt beschrieben werden.

$$J = \int_0^{t_{\mathrm{f}}} (i_{\mathrm{sd}} - i_{\mathrm{sd}}^{\mathrm{end}})^2 + (i_{\mathrm{sq}} - i_{\mathrm{sq}}^{\mathrm{end}})^2 dt \qquad \text{Gl. 4.56}$$

Energieoptimale Kostenfunktion

In der Literatur ist allgemein die verbrauchsoptimale Steuerung bekannt, Gl. 4.57. Dabei wird die Eingangsgröße über einen festen Zeitraum während des Arbeitspunktwechsels minimiert [26].

$$J = \int_0^{t_f} \sum_1^m |\mathbf{u}(t)| dt \qquad \text{Gl. 4.57}$$

Zur Minimierung des Energieflusses zwischen PSM und Zwischenkreiskondensator wird der Stromfluss in Richtung des Wechselrichters minimiert, siehe Gl. 4.58.

$$J = \int_0^{t_f} \bar{i}_{DC}^2 + (i_{sd} - i_{sd}^{end})^2 + (i_{sq} - i_{sq}^{end})^2 dt \qquad \text{Gl. 4.58}$$

Diese Formulierung hat den Vorteil, dass im Kostenfunktional physikalisch gesehen Ströme minimiert werden. Es werden nicht die Größen des Zustandsvektors mit den Größen des Steuervektors durch mathematische Operatoren verknüpft, also z.B. Ströme und Spannungen addiert, was keine physikalische Bedeutung hätte. Der Stromfluss in den Wechselrichter i_{DC} wird aus der Eingangsleistung der PSM, siehe Gl. 2.16, und der verfügbaren Zwischenkreisleistung, siehe Gl. 2.19, hergeleitet. Unter Vernachlässigung der Wechselrichter-Verluste gilt $P_{DC} = P_{psm}^{in}$. Gleichung Gl. 4.59 beschreibt den zeitlich gemittelten Strom i_{DC} über eine PWM-Periodendauer.

$$\bar{i}_{DC} = 1/u_{DC} \cdot \frac{2}{3K} \cdot (u_{sd} i_{sd} + u_{sq} i_{sq}) \qquad \text{Gl. 4.59}$$

Die energieoptimale Kostenfunktion wird nun nur aus Statorstrom und Statorspannung beschrieben, siehe Gl. 4.60.

$$J = \int_0^{t_f} \frac{4}{9K^2 u_{DC}^2} \cdot (i_{sd} u_{sd} + i_{sq} u_{sq})^2 + (i_{sd} - i_{sd}^{end})^2 + (i_{sq} - i_{sq}^{end})^2 dt \qquad \text{Gl. 4.60}$$

Definition der Vektoren des OSP

Der Zustandsvektor, $\mathbf{x}(t) \in \mathbb{R}^2$, beinhaltet alle zeitabhängigen Komponenten zur Beschreibung des Statorstroms. In der dq-Ebene beschreiben i_{sd} und i_{sq} den Statorstrom.

$$\mathbf{x}(t) = \begin{pmatrix} i_{sd}(t) \\ i_{sq}(t) \end{pmatrix} \qquad \text{Gl. 4.61}$$

Die Statorspannung ist die Eingangsgröße bzw. Steuergröße der PSM und Gl. 4.62 beschreibt den Steuervektor, $\mathbf{u}(t) \in \mathbb{R}^2$, in dq-Koordinaten.

$$\mathbf{u}(t) = \begin{pmatrix} u_{\mathrm{sd}}(t) \\ u_{\mathrm{sq}}(t) \end{pmatrix} \qquad \text{Gl. 4.62}$$

Betragsoptimales OSP in dq-Koordinaten

Aus den zuvor hergeleiteten mathematischen Formulierungen wird nun das kontinuierliche OSP aufgestellt. Sowohl der Statorstrom als auch die Statorspannung werden in dq-Koordinaten beschrieben. Das Kostenfunktional, siehe Gl. 4.63, hängt nur von den Zustandsgrößen ab, wobei der Zustandsvektor, also der Strom, minimiert wird. Demnach sucht das OSP eine Stromtrajektorie und in jedem Zeitschritt sind die Nebenbedingungen Gl. 4.64 - Gl. 4.68 zu erfüllen.

$$\underset{\mathbf{x}(t)}{\text{minimiere}} \quad \int_0^{t_\mathrm{f}} (i_{\mathrm{sd}} - i_{\mathrm{sd}}^{\mathrm{end}})^2 + (i_{\mathrm{sq}} - i_{\mathrm{sq}}^{\mathrm{end}})^2 dt \qquad \text{Gl. 4.63}$$

unter Berücksichtigung von

$$\frac{\mathrm{d}\vec{i}_\mathrm{s}^{\mathrm{dq}}}{\mathrm{d}t} = L_{\mathrm{dq}}^{-1} \cdot (\vec{u}_\mathrm{s}^{\mathrm{dq}} - \begin{pmatrix} R_\mathrm{s} & -\omega_\mathrm{e} L_\mathrm{q} \\ \omega_\mathrm{e} L_\mathrm{d} & R_\mathrm{s} \end{pmatrix} \cdot \vec{i}_\mathrm{s}^{\mathrm{dq}} - \begin{pmatrix} 0 \\ \omega_\mathrm{e}\psi_\mathrm{f} \end{pmatrix}) \qquad \text{Gl. 4.64}$$

$$\sqrt{(i_{\mathrm{sd}}^2 + i_{\mathrm{sq}}^2} - i_\mathrm{s}^{\mathrm{max}} \leq 0 \qquad \text{Gl. 4.65}$$

$$\sqrt{u_{\mathrm{sd}}^2 + u_{\mathrm{sq}}^2} - u_\mathrm{s}^{\mathrm{max}} \leq 0 \qquad \text{Gl. 4.66}$$

$$\vec{i}_\mathrm{s}^{\mathrm{dq}}(t = t_0) - (i_{\mathrm{sd}}^0, i_{\mathrm{sq}}^0)^T = 0 \qquad \text{Gl. 4.67}$$

$$\vec{i}_\mathrm{s}^{\mathrm{dq}}(t = t_\mathrm{f}) - (i_{\mathrm{sd}}^\mathrm{f}, i_{\mathrm{sq}}^\mathrm{f})^T = 0 \qquad \text{Gl. 4.68}$$

Energieoptimales OSP in dq-Koordinaten

Das Kostenfunktional berücksichtigt zusätzlich die gemittelte Eingangsleistung der PSM. Damit der Zielarbeitspunkt erreicht wird, wird ebenfalls der Abstand zum Zielarbeitspunkt minimiert. Das Kostenfunktional, siehe Gl. 4.69, ist nicht linear und beinhaltet sowohl den Zustandsvektor als auch den Steuervektor. Die

Nebenbedingungen Gl. 4.70 - Gl. 4.74 korrespondieren mit der betragsoptimalen Formulierung.

$$\underset{\mathbf{x}(t),\mathbf{u}(t)}{\text{minimiere}} \quad \int_0^{t_f} \frac{4}{9K^2u_{DC}^2} \cdot (i_{sd}u_{sd} + i_{sq}u_{sq})^2 + (i_{sd} - i_{sd}^{end})^2 + (i_{sq} - i_{sq}^{end})^2 dt \qquad \text{Gl. 4.69}$$

unter Berücksichtigung von

$$\frac{d\vec{i}_s^{dq}}{dt} = L_{dq}^{-1} \cdot (\vec{u}_s^{dq} - \begin{pmatrix} R_s & -\omega_e L_q \\ \omega_e L_d & R_s \end{pmatrix} \cdot \vec{i}_s^{dq} - \begin{pmatrix} 0 \\ \omega_e \psi_f \end{pmatrix}) \qquad \text{Gl. 4.70}$$

$$\sqrt{(i_{sd}^2 + i_{sq}^2} - i_s^{max} \leq 0 \qquad \text{Gl. 4.71}$$

$$\sqrt{u_{sd}^2 + u_{sq}^2} - u_s^{max} \leq 0 \qquad \text{Gl. 4.72}$$

$$\vec{i}_s^{dq}(t = t_0) - (i_{sd}^0, i_{sq}^0)^T = 0 \qquad \text{Gl. 4.73}$$

$$\vec{i}_s^{dq}(t = t_f) - (i_{sd}^f, i_{sq}^f)^T = 0 \qquad \text{Gl. 4.74}$$

Anmerkung zur Formulierung: Die Energieflussoptimierung wird hier als weiche Grenze, also im Kostenfunktional, formuliert. Dies erwies sich in Untersuchungen als numerisch besser lösbar, da die verwendeten Solver eine harte Begrenzung des Energieflusses nicht zuverlässig lösen konnten [80].

4.1.2 Lösung des OSP

Nachdem die Optimierungsaufgabe und das Optimierungsproblem beschrieben und definiert sind, wird in diesem Unterabschnitt das OSP mit dem direkten und indirekten Ansatz, siehe Grundlagen Abschnitt 2.2.4, gelöst. Durch das Lösen wird die optimale Spannungsfolge gefunden, welche im Steuergerät abgespeichert wird. Um ein OSP numerisch zu lösen, muss es diskretisiert werden. Insbesondere stellt die Diskretisierung der Differentialgleichung eine Herausforderung dar, weil aufgrund von Diskretisierungsfehlern das diskrete vom kontinuierlichen Dynamikmodell der PSM abweichen kann.

Diskretisierung der kontinuierlichen Formulierung

Um das diskrete Modell abzuleiten, wird der Zeitbereich in diskrete Zeitschritte unterteilt. Das bedeutet, dass jeder Zeitpunkt t durch einen diskreten Index k ersetzt wird, der die diskreten Zeitschritte repräsentiert. Die Diskretisierungszeit T_s bzw. der diskrete Zeitschritt beträgt $100\,\mu$s. Bezogen auf das OSP müssen alle Nebenbedingungen in jedem diskreten Zeitpunkt k erfüllt sein. Die Differentialgleichung zur Beschreibung der Dynamik wird zu einer Differenzengleichung, welche die Änderung zum nächsten diskreten Zeitpunkt k+1 beschreibt, umformuliert.

Algebraische Gleichungen sind trivial zu diskretisieren, da sie identisch zur zeitkontinuierlichen Formulierung sind, weshalb diese nicht explizit ausgeführt werden. Der Integrations-Operator im Kostenfunktional wird im zeitdiskreten Bereich als Aufsummierung beschrieben. Dahingegen kann der Differential-Operator durch unterschiedliche numerische Verfahren approximiert werden; z.B. durch Runge-Kutta Integrationsverfahren, [81] [82], Euler-Vorwärts, Euler-Rückwärts oder Tustin. Alternativ kann die Differentialgleichung analytisch gelöst werden, um die Lösung in jedem diskreten Zeitschritt exakt zu berechnen.

Das diskrete PSM-Modell folgt aus dem zeitkontinuierlichen Dynamikmodell in dq-Koordinaten Gl. 4.47 und die dazugehörigen Matrizen lauten, siehe Gl. 4.75 und Gl. 4.76.

$$\mathbf{A}_c = L_{dq}^{-1} \cdot \begin{pmatrix} R_s & -\omega_e L_q \\ \omega_e L_d & R_s \end{pmatrix} \qquad \text{Gl. 4.75}$$

$$\mathbf{B}_c = L_{dq}^{-1} \qquad \text{Gl. 4.76}$$

Das diskrete Zustandsraummodell berechnet den zukünftigen nächsten Stromarbeitspunkt $\vec{i}_s^{dq}(k+1)$ aus der anliegenden Statorspannung $\vec{u}_s^{dq}(k)$ und dem aktuellen Stromarbeitspunkt $\vec{i}_s^{dq}(k)$, siehe Gl. 4.77.

$$\vec{i}_s^{dq}(k+1) = \mathbf{A}_d \cdot \vec{i}_s^{dq}(k) + \mathbf{B}_d \cdot \vec{u}_s^{dq}(k) + \mathbf{B}_d \cdot d \qquad \text{Gl. 4.77}$$

Die Vektoren lauten: $\vec{i}_s^{dq}(k) = (i_{sd}(k), i_{sq}(k))^T$, $\vec{u}_s^{dq}(k) = (u_{sd}(k), u_{sq}(k))^T$ und $d = [0, \omega_e \psi_f]^T$. Die Matrizen des diskreten Modells $\mathbf{A}_d$ und $\mathbf{B}_d$ variieren je nach Diskretisierungsmethode und werden im Folgenden exakt mit dem Halteglied nullter Ordnung diskretisiert. Gl. 4.78 berechnet die diskrete Matrix $\mathbf{A}_d \in \mathbb{R}^{2x2}$, welche die Eigendynamik der PSM beschreibt.

$$\mathbf{A}_d = \begin{bmatrix} a_{11} & a_{12} \\ a_{21} & a_{22} \end{bmatrix} = e^{\mathbf{A}_c \mathbf{T}_s} = \mathscr{L}^{-1}[(sI - \mathbf{A}_c)^{-1}] \qquad \text{Gl. 4.78}$$

Analog dazu beschreibt Gl. 4.79 die Berechnung von der Matrix $\mathbf{B}_\mathrm{d} \in \mathbb{R}^{2x2}$.

$$\mathbf{B}_\mathrm{d} = \begin{bmatrix} b_{11} & b_{12} \\ b_{21} & b_{22} \end{bmatrix} = \int_0^{T_s} e^{\mathbf{A}_\mathrm{c}\tau} d\tau \cdot \mathbf{B}_\mathrm{c} \qquad \text{Gl. 4.79}$$

Formulierung als NLP für die direkte Methode

Das OSP wird mit der direkten Methode, *first discretize and solve*, gelöst. Zuerst wird die gesamte OSP Formulierung diskretisiert, in ein NLP umgeformt und mit einem Solver für allgemeine OP gelöst. Die Toolbox Casadi [83] [84] liefert z.B. den Solver *IPOPT* und Matlab bietet die Funktion *fminCon* mit verschiedenen Solvern an [85]. In dieser Arbeit wird ausschließlich die Matlab Funktion verwendet. Beide Solver können das Minimum eines NLP mit Begrenzungen finden. Exemplarisch wird das OSP umgeformt, sodass dieses in Matlab als OP gelöst werden kann. Die Matlab Funktion *fminCon* unterstützt Gleichungen in der Form von Gl. 4.80 bis Gl. 4.85.

$$\underset{\mathbf{x}_\mathrm{op}}{\text{minimiere}} \quad f(\mathbf{x}_\mathrm{op}) \qquad \text{Gl. 4.80}$$

unter Berücksichtigung von

$$c(\mathbf{x}_\mathrm{op}) \leq 0 \qquad \text{Gl. 4.81}$$

$$c_{eq}(\mathbf{x}_\mathrm{op}) = 0 \qquad \text{Gl. 4.82}$$

$$A \cdot \mathbf{x}_\mathrm{op} \leq b \qquad \text{Gl. 4.83}$$

$$A_{eq} \cdot \mathbf{x}_\mathrm{op} = b_{eq} \qquad \text{Gl. 4.84}$$

$$lb \leq \mathbf{x}_\mathrm{op} \geq ub \qquad \text{Gl. 4.85}$$

Um das OSP mit dem Solver in Matlab zu lösen, werden folgende Schritte durchgeführt: Erstens wird die Optimierungsvariable definiert. Zweitens wird die Kostenfunktion Gl. 4.80 für das betrags- und energieoptimale OSP formuliert. Drittens werden alle linearen Gleichungen in Gl. 4.84 geschrieben. Viertens werden die nicht linearen Zustandsvektor- und Steuervektorbegrenzungen durch Gl. 4.81 formuliert. Fünftens wird als alternative Implementierung die Begrenzungen linearisiert und durch Ungleichung Gl. 4.83 beschrieben. Die übrigen Gleichungen der Funktion *fminCon* werden nicht benötigt.

Zuerst wird die Optimierungsvariable $\mathbf{x}_\mathrm{op}$ definiert bestehend aus dem Zustandsvektor $\mathbf{x}(t)$ und dem Steuervektor $\mathbf{u}(t)$ des OSP der PSM. Aufgrund der diskreten

Natur muss die Optimierungsvariable jeden diskreten Zeitschritt im Prädiktionshorizont N beinhalten; und der Zustandsvektor sowie Steuervektor werden für jeden Zeitschritt definiert. Die verwendeten Vektoren sind die Ströme und Spannungen im dq-System und haben die Dimension $\vec{i}_{\mathrm{s}}^{\mathrm{dq}} \in \mathbb{R}^n$ mit $n = 2$ und $\vec{u}_{\mathrm{s}}^{\mathrm{dq}} \in \mathbb{R}^m$ mit $m = 2$. Daraus folgt die Dimension der Optimierungsvariablen mit $\mathbf{x}_{\mathrm{op}} \in \mathbb{R}^{(\mathrm{n(N+1)+mN})}$, siehe Gl. 4.86.

$$\mathbf{x}_{\mathrm{op}} = \begin{pmatrix} \mathbf{x}_{\mathrm{op}}(1) \\ \vdots \\ \mathbf{x}_{\mathrm{op}}(N+1) \\ \mathbf{x}_{\mathrm{op}}(N+2) \\ \vdots \\ \mathbf{x}_{\mathrm{op}}(2N+1) \end{pmatrix} = \begin{pmatrix} \vec{i}_{\mathrm{s}}^{\mathrm{dq}}(k=1) \\ \vdots \\ \vec{i}_{\mathrm{s}}^{\mathrm{dq}}(k=N+1) \\ \vec{u}_{\mathrm{s}}^{\mathrm{dq}}(k=1) \\ \vdots \\ \vec{u}_{\mathrm{s}}^{\mathrm{dq}}(k=N) \end{pmatrix} \quad \text{Gl. 4.86}$$

Das betragsoptimale und das energieoptimale OSP unterscheiden sich nur in ihrem Kostenfunktional. In Abhängigkeit der definierten Optimierungsvariablen $\mathbf{x}_{\mathrm{op}}$ vergleicht Tabelle 4.1 die umformulierten Kostenfunktionale. Die energieoptimale Kostenfunktion des NLP enthält zusätzlich einen Skalierungsfaktor α, welcher kleiner als 0.1 gewählt wird, um die Energieflussoptimierung zu priorisieren.

Tabelle 4.1: Vergleich der Kostenfunktionen als NLP

	betragsoptimal	energieoptimal
$f(\mathbf{x}_{\mathrm{op}})$	$\sum_{i=1}^{N+1}(\mathbf{x}_{\mathrm{op}}(i) - \vec{i}_{\mathrm{s}}^{\mathrm{dq,end}})^2$	$\sum_{i=1}^{N}(\frac{4}{9K^2u_{\mathrm{DC}}^2} \cdot (\mathbf{x}_{\mathrm{op}}(i) \cdot \mathbf{x}_{\mathrm{op}}(i+N+1))^2$ $+\alpha \cdot (\mathbf{x}_{\mathrm{op}}(i) - \vec{i}_{\mathrm{s}}^{\mathrm{dq,end}})^2)$

In der A_{eq}-Matrix und dem b_{eq}-Vektor werden alle Koeffizienten der linearen Gleichungen eingetragen. Dazu gehören die diskretisierte Dynamikgleichung der PSM zu jedem diskreten Zeitpunkt, sowie die Start- und Endbedingungen. Die Dimension sieht allgemeingültig wie folgend aus:

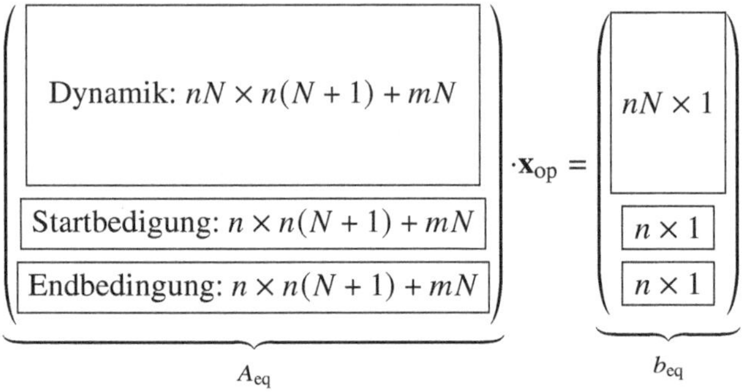

Die generische Formulierung von A_{eq} für ein OSP beschreibt Gl. 4.87. Bei einem linearen PSM-Modell ändern sich die Parameter – L_{d}, L_{q}, R_{s}, ψ_{f} – nicht mit dem Stromarbeitspunkt. Daher gilt: erstens $\mathbf{A}_{\text{d}}(\mathbf{k}) = \mathbf{A}_{\text{d}} \forall k \in [1, N]$ und zweitens $\mathbf{B}_{\text{d}}(\mathbf{k}) = \mathbf{B}_{\text{d}} \forall k \in [1, N]$. Die diskreten Matrizen $\mathbf{A}_{\text{d}}$ und $\mathbf{B}_{\text{d}}$ stammen aus dem zuvor hergeleiteten diskreten Zustandsraummodell, Gl. 4.77. Die Nullmatrizen haben die Dimension $\mathbf{0_A} \in \mathbb{R}^{n \times n}$ und $\mathbf{0_B} \in \mathbb{R}^{n \times m}$, und die Einheitsmatrix $\mathbf{I}_{\text{n}} \in \mathbb{R}^{n \times n}$.

$$A_{\text{eq}} = \begin{bmatrix} \mathbf{A}_{\text{d}}(1) & -\mathbf{I}_{\text{n}} & \mathbf{0_A} & \cdots & \cdots & \mathbf{B}_{\text{d}}(1) & \mathbf{0_B} & \cdots & \cdots \\ \mathbf{0_A} & \mathbf{A}_{\text{d}}(2) & -\mathbf{I}_{\text{n}} & \mathbf{0_A} & \cdots & \mathbf{0_B} & \mathbf{B}_{\text{d}}(2) & \mathbf{0_B} & \cdots \\ \vdots & \ddots & \ddots & \ddots & \ddots & \vdots & \ddots & \ddots & \ddots \\ \mathbf{0_A} & \cdots & \mathbf{0_A} & \mathbf{A}_{\text{d}}(N) & -\mathbf{I}_{\text{n}} & \mathbf{0_B} & \cdots & \cdots & \mathbf{B}_{\text{d}}(N) \\ \mathbf{I}_{\text{n}} & \mathbf{0_A} & \cdots & \cdots & \cdots & \mathbf{0_B} & \cdots & \cdots & \cdots \\ \mathbf{0_A} & \cdots & \cdots & \cdots & \mathbf{I}_{\text{n}} & \mathbf{0_B} & \cdots & \cdots & \cdots \end{bmatrix}$$

Gl. 4.87

Gl. 4.88 definiert den dazugehörigen generischen Vektor B_{eq} für ein OSP basierend auf der diskretisierten Matrix $\mathbf{B}_{\text{d}}$ und der elektromotorischen Gegenkraft $d = [0, -\omega_{\text{e}}\psi_{\text{f}}]^T$ sowie dem Start- und Endarbeitspunkt.

$$B_{\text{eq}} = \begin{bmatrix} -\mathbf{B}_{\text{d}}(1) \cdot d \\ -\mathbf{B}_{\text{d}}(2) \cdot d \\ \vdots \\ -\mathbf{B}_{\text{d}}(N) \cdot d \\ \vec{i}_{\text{s}}^{\text{dq,start}} \\ \vec{i}_{\text{s}}^{\text{dq,end}} \end{bmatrix} \qquad \text{Gl. 4.88}$$

Die Strom- und Spannungsbegrenzung sind quadratische Ungleichungen und ferner nicht linear. $c(\mathbf{x}_{\text{op}}) \in \mathbb{R}^{2N+1}$ beschreibt beide Begrenzungen, siehe Gl. 4.89.

$$c(\mathbf{x}_{\text{op}}) = \begin{bmatrix} \mathbf{x}_{\text{op}}(1)^2 - i_{\text{s}}^{\text{max}} \\ \vdots \\ \mathbf{x}_{\text{op}}(N+1)^2 - i_{\text{s}}^{\text{max}} \\ \mathbf{x}_{\text{op}}(N+2)^2 - u_{\text{s}}^{\text{max}} \\ \vdots \\ \mathbf{x}_{\text{op}}(2N+1)^2 - u_{\text{s}}^{\text{max}} \end{bmatrix} \leq 0 \qquad \text{Gl. 4.89}$$

Alternativ kann die quadratische Begrenzung, die kreisförmig in der dq-Stromebene ist, mit linearen Gleichungen approximiert werden. D.h. zu jedem diskreten Zeitpunkt wird die quadratische Begrenzung durch mehrere lineare Geradengleichungen beschrieben. Dies ist notwendig, wenn der Solver nur lineare Begrenzungen zulässt. Zudem benötigt eine einzige lineare Ungleichung weniger Rechenaufwand als eine quadratische. Die Anzahl der notwendigen linearen Gleichungen ist eine Abwägung zwischen der Genauigkeit der Approximation und dem verursachten Rechenaufwand. Die Linearisierung des Kreises wird generisch formuliert. Bei der Wahl der Stützstellen auf dem Kreis Gl. 4.90 muss berücksichtigt werden, dass für benachbarte Stützstellen $x_{\text{i}} \neq x_{\text{i+1}}$ gilt, da andernfalls die Steigung der Gerade nicht definiert ist.

$$P_{\text{i}} = r(cos(\alpha) + jsin(\alpha) = x_i + jy_i) \qquad \text{Gl. 4.90}$$

Zwischen zwei Stützstellen wird eine lineare Geradengleichung gelegt und diese Gerade bildet immer eine Sekante innerhalb des ursprünglichen Kreises. Dadurch ist die Approximation immer kleiner als die quadratische Begrenzung. Gl. 4.91 beschreibt die Geradengleichung aus zwei Stützstellen.

$$\begin{aligned} f_{\text{i}}(x) &= m_{\text{i}}x + b_{\text{i}} \\ m_{\text{i}} &= \frac{y_{\text{i+1}} - y_{\text{i}}}{x_{\text{i+1}} - x_{\text{i}}} \\ b_{\text{i}} &= y_{\text{i}} - m_{\text{i}} \cdot x_{\text{i}} \end{aligned} \qquad \text{Gl. 4.91}$$

Die zulässige Menge soll innerhalb des ursprünglichen Kreises liegen. Daher muss zwischen dem positiven und negativen Halbkreis unterschieden werden, damit die Geradengleichungen die Menge innerhalb des Kreises beschreiben, siehe Gl. 4.92.

$$\begin{aligned} -m_{\text{i}}x + f_{\text{i}}(x) &< b_{\text{i}} \qquad \forall b_{\text{i}} > 0 \\ m_{\text{i}}x - f_{\text{i}}(x) &< -b_{\text{i}} \qquad \forall b_{\text{i}} < 0 \end{aligned} \qquad \text{Gl. 4.92}$$

Exemplarisch ist die Linearisierung in Abbildung 4.3 für vier und acht Punkte visualisiert. Je weniger Geradengleichungen verwendet werden, desto ungenauer ist die Approximation. In der gleichen Abbildung ist die Linearisierung in der Matrixschreibweise für vier Punkte formuliert.

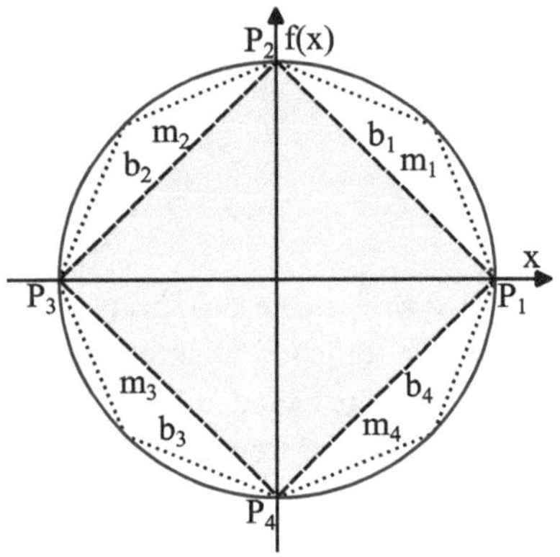

Beispiel: Linearisierung mit 4 Punkten

$$A^{\text{lin}}_{\text{4P}} \begin{pmatrix} x \\ f(x) \end{pmatrix} \leq b^{\text{lin}}_{\text{4P}}$$

$$\begin{pmatrix} -m_1 & 1 \\ -m_2 & 1 \\ m_3 & -1 \\ m_4 & -1 \end{pmatrix} \begin{pmatrix} x \\ f(x) \end{pmatrix} \leq \begin{pmatrix} b_1 \\ b_2 \\ -b_3 \\ -b_4 \end{pmatrix}$$

Abbildung 4.3: Linearisierung einer kreisförmigen Begrenzung

Nachdem beispielhaft die Linearisierung eines Kreises in der Matrixschreibweise gezeigt wurde, wird dieses Prinzip auf die Strom- und Spannungsbegrenzung übertragen. Die Koeffizienten aus der Linearisierung werden in den Matrizen für $n^{\text{lin}}_{\text{iMax}} \in \mathbb{N}$ Punkte auf der Strombegrenzung und $m^{\text{lin}}_{\text{uMax}} \in \mathbb{N}$ Punkte auf der Spannungsbegrenzung geschrieben. Die Dimension der Matrzien lauten: $\mathbf{A}^{\text{lin}}_{\text{iMax}} \in \mathbb{R}^{n^{\text{lin}}_{\text{iMax}} \times n}$, $\mathbf{b}^{\text{lin}}_{\text{iMax}} \in \mathbb{R}^{n^{\text{lin}}_{\text{iMax}}}$, $\mathbf{A}^{\text{lin}}_{\text{uMax}} \in \mathbb{R}^{m^{\text{lin}}_{\text{uMax}} \times m}$, $\mathbf{b}^{\text{lin}}_{\text{uMax}} \in \mathbb{R}^{m^{\text{lin}}_{\text{uMax}} \times m}$. Die Nullmatrizen $\mathbf{0}_{\text{iMax}}$ und $\mathbf{0}_{\text{uMax}}$ haben dieselbe Größe wie die dazugehörigen Matrizen $\mathbf{A}^{\text{lin}}_{\text{iMax}}$ und $\mathbf{A}^{\text{lin}}_{\text{uMax}}$. Da die Begrenzungen in jedem diskreten Zeitschritt eingehalten werden, ergibt sich eine Blockmatrix A mit $N + 1$ Einträgen der linearisierten Strombegrenzung $\mathbf{A}^{\text{lin}}_{\text{iMax}}$ und N Einträgen der linearisierten Spannungsbegrenzung $\mathbf{A}^{\text{lin}}_{\text{uMax}}$, siehe Gl. 4.93.

$$\underbrace{\begin{bmatrix} \mathbf{A}^{\text{lin}}_{\text{iMax}} & \mathbf{0}_{\text{iMax}} & \cdots & \cdots & \cdots & \cdots \\ \ddots & \ddots & \ddots & \ddots & \ddots & \ddots \\ \cdots & \mathbf{0}_{\text{iMax}} & \mathbf{A}^{\text{lin}}_{\text{iMax}} & \mathbf{0}_{\text{iMax}} & \cdots & \cdots \\ \cdots & \cdots & \mathbf{0}_{\text{uMax}} & \mathbf{A}^{\text{lin}}_{\text{uMax}} & \mathbf{0}_{\text{uMax}} & \cdots \\ \cdots & \cdots & \cdots & \ddots & \ddots & \ddots \\ \cdots & \cdots & \cdots & \cdots & \mathbf{0}_{\text{uMax}} & \mathbf{A}^{\text{lin}}_{\text{uMax}} \end{bmatrix}}_{A} \mathbf{x}_{\text{op}} \leq \underbrace{\begin{bmatrix} \mathbf{b}^{\text{lin}}_{\text{iMax}} \\ \vdots \\ \mathbf{b}^{\text{lin}}_{\text{iMax}} \\ \mathbf{b}^{\text{lin}}_{\text{uMax}} \\ \vdots \\ \mathbf{b}^{\text{lin}}_{\text{uMax}} \end{bmatrix}}_{b} \qquad \text{Gl. 4.93}$$

, wobei $A \in \mathbb{R}^{(n^{\text{lin}}_{\text{iMax}}(N+1)+m^{\text{lin}}_{\text{uMax}}N)\times(n(N+1)+mN)}$ und $b \in \mathbb{R}^{(n^{\text{lin}}_{\text{iMax}}(N+1)+m^{\text{lin}}_{\text{uMax}}N)\times 1}$ ist.

Indirekte Lösung mit Pontryagins Minimumprinzip

Hier wird die indirekte Methode zum Lösen eines OSP beschrieben, *first solve and discretize*. Mithilfe von Pontryagins Minimumprinzip, kurz PMP, wird das OSP erweitert und die Hamiltonfunktion findet die optimale Lösung. Beispielhaft werden in der Literatur mit dem PMP der Energieverbrauch eines Brennstoffzellenfahrzeugs mit Superkondensator [86], ein allgemeines lineares LQR Problem [87] gelöst und in [88] wird das PMP für eine PSM mit isotropen Rotor aufgestellt. Die Hamiltonfunktion wird durch die Differentialgleichung bzw. die Dynamik der PSM und der Lagrangefunktion der definierten Kostenfunktion gebildet:

$$H = L + \lambda^T \cdot \mathbf{f}$$

Infolgedessen beeinflusst die Wahl des OSP die Lösbarkeit. Zur kompakteren Schreibweise wird die Zeitabhängigkeit der Variablen, $\mathbf{x}(t)$, $\mathbf{u}(t)$ und $\lambda(t)$ nicht konsequent notiert. Da die Hamiltionfunktion [3] $H = L + \lambda^T \cdot \mathbf{f}$ aus zwei Summanden besteht und der Differentialoperator der notwendigen Bedingungen linear ist, können die beiden Summanden getrennt voneinander hinsichtlich der Lösbarkeit untersucht werden.

In Tabelle 4.2 wird die Hamiltonfunktion ohne Anteil der Lagrangefunktion aufgestellt und die notwendigen Bedingungen formuliert. Das Strommodell basiert auf

[3] Der Summand L, ein Skalar, beschreibt die Lagrangefunktion sowie das mathematische Optimierungsziel. Der zweite Summand ist auch ein ein Skalar und besteht aus den Co-Zuständen $\lambda(t)$ sowie der Eigendynamik $\mathbf{f}$ des System

Tabelle 4.2: Pontryagins notwendige Bedingungen – Anteil der Dynamik $\lambda^T \cdot \mathbf{f}$

	Strommodell $\mathbf{x}(t)=\vec{i}_\mathrm{s}^\mathrm{dq}(\mathrm{t})$	Flussmodell mit $\mathbf{x}(t)=\vec{\psi}_\mathrm{s}^\mathrm{dq}(\mathrm{t})$
H	$\lambda^T \cdot \mathbf{f}$ $= (\lambda_1(-R_\mathrm{s}x_1 + \omega_\mathrm{e}L_\mathrm{q}x_2 + u_1))/L_\mathrm{d}$ $+(\lambda_2(-R_\mathrm{s}x_2 - \omega_\mathrm{e}L_\mathrm{d}x_1 + u_2 - \omega_\mathrm{e}\psi_\mathrm{f}))/L_\mathrm{q}$	$\lambda^T \cdot \mathbf{f}$ $= \lambda_1(\frac{-R_\mathrm{s}}{L_\mathrm{d}}x_1 + \omega_\mathrm{e}x_2 + u_1 + \frac{R_\mathrm{s}\psi_\mathrm{f}}{L_\mathrm{d}}$ $+\lambda_2(\frac{-R_\mathrm{s}}{L_\mathrm{q}}x_2 - \omega_\mathrm{e}x_1 + u_2)$
$\dot{\lambda}= -\nabla_x H$	$-f_x^T \cdot \lambda = \begin{pmatrix} \frac{R_\mathrm{s}}{L_\mathrm{d}}\lambda_1 + \frac{\omega_\mathrm{e}L_\mathrm{d}}{L_\mathrm{q}}\lambda_2 \\ \frac{-\omega_\mathrm{e}L_\mathrm{q}}{L_\mathrm{d}}\lambda_1 + \frac{R_\mathrm{s}}{L_\mathrm{q}}\lambda_2 \end{pmatrix}$	$-f_x^T \cdot \lambda = \begin{pmatrix} \frac{R_\mathrm{s}}{L_\mathrm{d}}\lambda_1 + \omega_\mathrm{e}\lambda_2 \\ -\omega_\mathrm{e}\lambda_1 + \frac{R_\mathrm{s}}{L_\mathrm{q}}\lambda_2 \end{pmatrix}$
$\nabla_u H = 0$	$f_u^T \cdot \lambda = \begin{pmatrix} \lambda_1/L_\mathrm{d} \\ \lambda_2/L_\mathrm{q} \end{pmatrix}$	$f_u^T \cdot \lambda = \begin{pmatrix} \lambda_1 \\ \lambda_2 \end{pmatrix}$
$\dot{x}= \nabla_\lambda H$	$\mathbf{f} = \begin{pmatrix} (-R_\mathrm{s}x_1 + \omega_\mathrm{e}L_\mathrm{q}x_2 + u_1)/L_\mathrm{d} \\ (-R_\mathrm{s}x_2 - \omega_\mathrm{e}L_\mathrm{d}x_1 + u_2 - \omega_\mathrm{e}\psi_\mathrm{f})/L_\mathrm{q} \end{pmatrix}$	$\mathbf{f} = \begin{pmatrix} \frac{-R_\mathrm{s}}{L_\mathrm{d}}x_1 + \omega_\mathrm{e}x_2 + u_1 + \frac{R_\mathrm{s}\psi_\mathrm{f}}{L_\mathrm{d}} \\ \frac{-R_\mathrm{s}}{L_\mathrm{q}}x_2 - \omega_\mathrm{e}x_1 + u_2 \end{pmatrix}$

Gl. 4.47 und durch Substitution des Stroms durch den Fluss nach Gl. 2.12 folgt das Flussmodell, welches die Änderung des magnetischen Flusses beschreibt. Durch Vergleich der Gleichungen ist ersichtlich, dass sich die mathematische Struktur der Gleichungen nicht verändert und sich lediglich die konstanten Faktoren vor den Variablen unterscheiden. Folglich sind beide Modelle gleich schwer zu lösen und die Wahl des Flussmodells bringt keinen Vorteil gegenüber dem Strommodell. Eine Möglichkeit zur Vereinfachung des Maschinenmodells wäre die Vernachlässigung des Rotorwiderstands R_s und $L_\mathrm{d} = L_\mathrm{q}$ zu wählen, wodurch die Dynamik der PSM einem gekoppelten idealen Oszillator entspräche.

Die Wahl der Lagrangefunktion beeinflusst stark die mathematische Struktur und Lösbarkeit des OSP, siehe Tabelle 4.3. Die Größen A, Q und R sind Skalierungsfaktoren bzw. Konstanten oder Zeilenvektoren zur Skalierung einzelner Einträge des Zustands- oder Steuervektors, welche keinen direkten Einfluss auf die Lösbarkeit haben, außer sie werden zu Null gesetzt. Die Ableitungen der Lagrangefunktion enthalten Abhängigkeiten von den Variablen $\mathbf{x}(t)$ und $\mathbf{u}(t)$ und diese ändern sich zwischen einer zeitoptimalen, energieoptimalen oder abstandsoptimalen Formulierung der Lagrangefunktion. Auffällig ist, dass die zeitoptimale Lösungen die notwendigen Bedingungen auf den ersten Blick vereinfachen würde, weil die Ab-

Tabelle 4.3: Pontryagins notwendige Bedingungen – Anteil der Kostenfunktionen L

	Zeitoptimal	Energieoptimal	Abstandsoptimal
H	L=1	$L = A(x_1u_1 + x_2u_2)$	$L = Q(\boldsymbol{x}-\boldsymbol{x}_f)^2 + R(\boldsymbol{u}-\boldsymbol{u}_f)^2$
$\dot{\lambda}= -\nabla_x H$	0	$-\nabla_x L = A\begin{pmatrix} -u_1 \\ -u_2 \end{pmatrix}$	$-\nabla_x L = 2Q\begin{pmatrix} x_{f,1} - x_1 \\ x_{f,2} - x_2 \end{pmatrix}$
$\nabla_u H = 0$	0	$\nabla_u L = A\begin{pmatrix} x_1 \\ x_2 \end{pmatrix}$	$\nabla_u L = 2R\begin{pmatrix} u_1 - u_{f,1} \\ u_2 - u_{f,2} \end{pmatrix}$
$\dot{\boldsymbol{x}}= \nabla_\lambda H$	0	0	0

leitungen Null ergeben, jedoch erfordert die zeitoptimale Lösung eine weitere zu erfüllende Bedingung, siehe Gl. 2.39. Angewendet auf die PSM lautet die weitere zu erfüllende Gleichung Gl. 4.94 für die zeitopimale Formulierung:

$$1 + \boldsymbol{\lambda}^T(t_\mathrm{f}) \cdot \boldsymbol{f}(\mathbf{x}(t_\mathrm{f}), \mathbf{u}(t_\mathrm{f})) = 0 \qquad \text{Gl. 4.94}$$

Analytisch sind die drei notwendigen Bedingungen von Pontryagin für die zeitoptimale Formulierung nicht lösbar, weil die beiden Differentialgleichungen $\dot{\boldsymbol{\lambda}}= f(\boldsymbol{\lambda}(t))$ und $\dot{\boldsymbol{x}}= f(\mathbf{x}(t), \mathbf{u}(t))$ nicht getrennt gelöst werden können, da die zeitlichen Verläufe der Variablen $\mathbf{x}(t)$, $\mathbf{u}(t)$, $\boldsymbol{\lambda}(t)$ unbekannt sind und die Bedingung $\nabla_u H = 0$ die beiden Differentialgleichungen nicht miteinander verknüpfen kann.

Die energieoptimale Formulierung fügt eine weitere Abhängigkeit zur adjungierten Differentialgleichung hinzu, nämlich $\dot{\boldsymbol{\lambda}}= f(\boldsymbol{\lambda}(t), \mathbf{u}(t))$ und aus $\nabla_u H = 0$ folgt, dass $\boldsymbol{\lambda}(t) = -A \cdot L_\mathrm{dq} \cdot \mathbf{x}(t)$ gilt. Folglich können zum Finden des Optimums sowohl der Co-Zustand als auch der Zustand ersetzt werden. Jedoch sind nur die Start- und Endwerte von $\mathbf{x}(t)$ bekannt – dies ist der aktuelle Arbeitspunkt der PSM und der gewünschte Zielarbeitspunkt – und der Co-Zustand $\boldsymbol{\lambda}(t)$ kann beliebige Start- und Endwerte annehmen. Daher ist auch hier keine analytische Lösung möglich.

Die abstandsoptimale Formulierung ist ebenfalls nicht analytisch lösbar, denn die adjungierte Differentialgleichung hat folgende Abhängigkeit $\dot{\boldsymbol{\lambda}}= f(\boldsymbol{\lambda}(t), \mathbf{x}(t))$ und aus der Bedingung $\nabla_u H = 0$ folgt, dass $\boldsymbol{\lambda}(t) = -2R \cdot L_\mathrm{dq} \cdot (\mathbf{u}(t) + \mathbf{u}(t_\mathrm{f}))$ gilt und die beiden Differentialgleichungen können mit der algebraischen Gleichung nicht vereinfacht werden. Zusätzlich folgt aus der ursprünglichen OSP Formulierung, dass $R = 0$ gilt und damit eine triviale Lösung ist, welche nicht die Differentialgleichungen miteinander verknüpfen kann – hier wird der allgemeine Fall betrachtet, ob eine Erweiterung bzw. Veränderung der Kostenfunktion die analytische Lösbarkeit ermöglichen würde.

Zusammenfassend können die Optimierungsaufgaben, welche am Anfang des Kapitels in Abschnitt 4.1.1 definiert sind, nicht analytisch mit dem PMP gelöst werden. Eine analytische Lösung für ein modifiziertes Optimierungsziel bleibt im Rahmen der gegebenen Methoden und Ansätze unerreichbar. Daher kann der indirekte Ansatz mit der Hamiltonfunktion nur numerisch gelöst werden.

Zeitoptimale Formulierung mittels PMP

Das OSP wird mittels des PMP umgeformt und exemplarisch für das zeitoptimale Optimierungsziel aufgestellt, siehe Gleichung Gl. 4.95 bis Gl. 4.102. Alternativ kann auch das energie- oder betragsoptimale Optimierungsziel formuliert werden; jedoch entfällt dann Gleichung Gl. 4.102. Die Optimalitätsbedingung $\nabla_u H = 0$ wird nicht formuliert, da die triviale Lösung von $\lambda(t) = 0$ bei einem sinusförmigen Co-Zustand nur zweimal pro Periode erfüllt sein kann. Folglich kann ein Solver diese Bedingung auch nicht erfüllen.

$$\underset{\mathbf{x}(t),\mathbf{u}(t),\lambda(t)}{\text{minimiere}} \quad H = 1 + \lambda^T(t) \cdot L_{\text{dq}}^{-1}\left(\begin{pmatrix} -R_\text{s} & \omega_\text{e} L_\text{q} \\ -\omega_\text{e} L_\text{q} & -R_\text{s} \end{pmatrix} \mathbf{x}(t) + \mathbf{u}(t) + \begin{pmatrix} 0 \\ -\omega_\text{e}\psi_\text{f} \end{pmatrix}\right) \tag{Gl. 4.95}$$

unter Berücksichtigung von

$$\frac{\text{d}\mathbf{x}(t)}{\text{d}t} = L_{\text{dq}}^{-1} \cdot \left(\mathbf{u}(t) - \begin{pmatrix} R_\text{s} & -\omega_\text{e} L_\text{q} \\ \omega_\text{e} L_\text{d} & R_\text{s} \end{pmatrix} \cdot \mathbf{x}(t) - \begin{pmatrix} 0 \\ \omega_\text{e}\psi_\text{f} \end{pmatrix}\right) \tag{Gl. 4.96}$$

$$\frac{\text{d}\lambda(t)}{\text{d}t} = -\nabla_x H = \begin{pmatrix} \frac{R_\text{s}}{L_\text{d}} + \frac{\omega_\text{e} L_\text{d}}{L_\text{q}} \\ \frac{-\omega_\text{e} L_\text{q}}{L_\text{d}} + \frac{R_\text{s}}{L_\text{q}} \end{pmatrix} \cdot \lambda(t) \tag{Gl. 4.97}$$

$$\mathbf{x}(t) \cdot \mathbf{x}(t) - (i_\text{s}^\text{max})^2 \leq 0 \tag{Gl. 4.98}$$

$$\mathbf{u}(t) \cdot \mathbf{u}(t) - (u_\text{s}^\text{max})^2 \leq 0 \tag{Gl. 4.99}$$

$$\mathbf{x}(t_0) - (i_\text{sd}^0, i_\text{sq}^0)^T = 0 \tag{Gl. 4.100}$$

$$\mathbf{x}(t_\text{f}) - (i_\text{sd}^\text{f}, i_\text{sq}^\text{f})^T = 0 \tag{Gl. 4.101}$$

$$1+\lambda^T(t_\mathrm{f})\cdot L_\mathrm{dq}^{-1}(\begin{pmatrix} -R_\mathrm{s} & \omega_\mathrm{e}L_\mathrm{q} \\ -\omega_\mathrm{e}L_\mathrm{q} & -R_\mathrm{s} \end{pmatrix}\begin{pmatrix} i_\mathrm{sd}^\mathrm{f} \\ i_\mathrm{sq}^\mathrm{f} \end{pmatrix}+\mathbf{u}(t_\mathrm{f})+\begin{pmatrix} 0 \\ -\omega_\mathrm{e}\psi_\mathrm{f} \end{pmatrix})=0$$

Gl. 4.102

Um nun eine Lösung durch die indirekte Methode zu erhalten, muss die obige Formulierung vollständig diskretisiert werden und in ein NLP umformuliert werden. Die Lösung und das Vorgehen ist analog bzw. vergleichbar zum direkten Ansatz. Das diskrete Modell der PSM kann wieder verwendet werden. Zusätzlich muss die adjungierte Differentialgleichung des Co-Zustands diskretisiert werden. Anschließend werden alle Gleichungen in eine Matrixform umgeschrieben, damit zum Beispiel ein Solver der Matlab Funktion *fminCon* angewendet werden kann. In [89] wird die Lösung des OSP mit der indirekten Methode untersucht, insbesondere auch die Rechendauer des Solver. Die Matlabfunktion *tic* ermittelt die Rechendauer, um die Dauer der direkten mit der indirekten Methode zu vergleichen. Die indirekte Methode löst das OSP schneller und bietet somit einen Vorteil. Weitere Untersuchungen zur Online-Lösung eines OSP sind jedoch ratsam.

4.1.3 Realisierung auf dem Steuergerät

In der Anwendung muss die Ausführung des optimalen Arbeitspunktwechsels auf einem Steuergerät ausführbar sein. Theoretisch gibt es zwei Möglichkeiten: Zum einen kann das OSP online, also in Echtzeit im Steuergerät, gelöst werden, oder zum anderen offline, also auf einem leistungsstarken Computer, gelöst werden und anschließend im Steuergerät abgespeichert werden.

Die Online-Lösbarkeit wird hier nicht weiter untersucht. Nach der betreuten Arbeit [89] scheint die indirekte Methode schneller zu konvergieren als die direkte Methode.

In der Literatur [58] wird die Offline-Lösung in verschiedenen Startarbeitspunkten als Trainingsdatensatz für ein neuronales Netz verwendet. In dieser Arbeit wird der klassische Ansatz mittels Kennfeldern näher betrachtet.

Speicherung des OSP als Kennfeld

Das Kennfeld soll in einer Seriensoftware implementierbar sein und die Software ASCET wird hierfür verwendet. Die Software ASCET unterstützt standardmäßig nur eindimensionale Kennfelder mit einer Eingangs- und einer Ausgangsgröße sowie zweidimensionale Kennfelder, also Kennfelder mit zwei Eingangsgrößen und einer Ausgangsgröße. Daher muss die optimale Spannungsfolge $\vec{u}_{\mathrm{s}}^{\mathrm{dq,opt}}$ – mit den Komponenten $u_{\mathrm{sd}}^{\mathrm{opt}} = (u_{\mathrm{sd}}(1), \cdots, u_{\mathrm{sd}}(k))$, $u_{\mathrm{sq}}^{\mathrm{opt}} = (u_{\mathrm{sq}}(1), \cdots, u_{\mathrm{sq}}(k))$ mit $k = t_{\mathrm{f}}/t^{\mathrm{pwm}}$ – geschickt in mehreren Kennfeldern abgespeichert werden.

Insgesamt werden vier Kennfelder benötigt, um die Spannungsfolge über den gesamten Betriebsbereich abzuspeichern. Zwei Kennfelder bilden je die beiden Vektorkomponenten, $u_{\mathrm{sd}}^{\mathrm{opt}}$ und $u_{\mathrm{sq}}^{\mathrm{opt}}$, für alle relevanten Arbeitspunkte ab. Mittels eines Arbeitspunktindexes wird der nächstgelegene Startarbeitspunkt ausgewählt. Dafür sind zwei weitere Kennfelder notwendig. Das dritte Kennfeld ermittelt aus dem letzten Stromarbeitspunkt $\vec{i}_{\mathrm{s}}^{\mathrm{dq,meas}}$ und das vierte Kennfeld aus der aktuellen Winkelgeschwindigkeit ω_{e} jeweils einen Index. Aus der Addition der beiden Indexe folgt der Arbeitspunktindex, welcher die optimale Spannungsfolge auswählt. Damit alle 100 μs der nächste Spannungswert der optimalen Spannungsfolge ausgegeben wird, wird ein Zähler im 100 μs Rechenraster verwendet, siehe Abbildung 4.4.

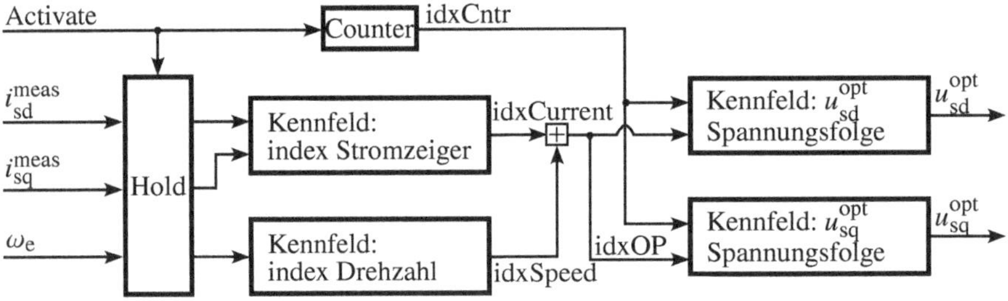

Abbildung 4.4: Blockschaltbild zur Abspeicherung der optimalen Steuerung im Steuergerät

Der kontinuierliche Raum an Startarbeitspunkten ist per Definition unendlich groß. Jedoch können in einer realen Anwendung nur endlich viele Spannungsfolgen abgespeichert werden. Zur Reduzierung des verfügbaren Speicherbedarfs wird für eine Anwendung nur die notwendige Anzahl an Startarbeitspunkten hinterlegt. Der exakte Startarbeitspunkt ist für die vorgeschlagene Anwendung zur Überführung in den sicheren Zustands nicht notwendig, da kleine Schwingungen um den Zielarbeitspunkt möglich sind.

4.2 Stromprädiktion zum sicheren Abschalten

Ein Anwendungsfall der optimalen Steuerung ist die Überführung in den sicheren Zustand mit einem tabellenbasierten Ansatz, jedoch ist die Lösung eines OCP auf einem Seriensteuergerät in Echtzeit schwer umzusetzen. Anstatt ein vollständiges OCP online zu lösen werden modellbasierte Algorithmen angewendet, um den sicheren Zustand in Kombination mit dem Verfahren STO herzustellen. Der modellbasierte Algorithmus soll in Echtzeit auf einem Steuergerät ausgeführt werden und das bekannte Verfahren STO erweitern. Beim modellbasierten Algorithmus handelt es sich um eine Stromprädiktion der PSM, welche auch in der Formulierung des OSP verwendet wird.

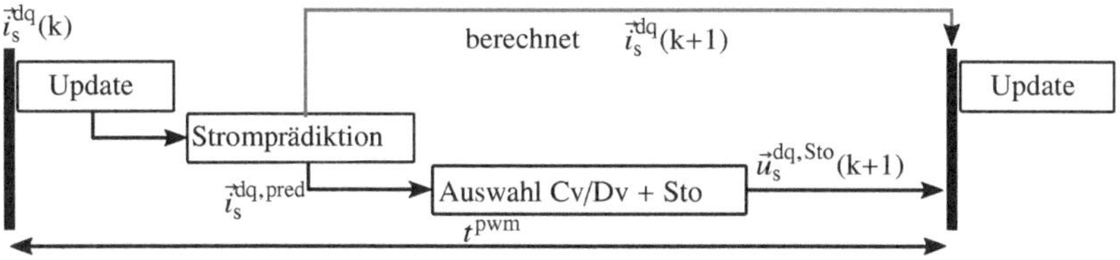

Abbildung 4.5: Rechenreihenfolge der Stromprädiktion auf einem Steuergerät

Das Ziel der Stromprädiktion ist, dass die Robustheit von STO auf einem Seriensteuergerät verbessert wird, indem die korrekten Spannungszeiger zum Laden und Entladen des Zwischenkreiskondensators gestellt werden. Der Grund dafür ist, dass auf einem Seriensteuergerät Größen gemessen, berechnet und anschließend ausgeführt werden. Dadurch entsteht zwischen Messung und Ausführung eine Verzögerung von einem Rechentakt. Folglich berechnet STO ohne Stromprädiktion den auszuführenden Spannungszeiger zu Beginn des nächsten Taktes auf Basis des aktuell gemessenen Stromwerts. Daher soll die Stromprädiktion den zukünftigen Stromwert des nächsten Taktes aus dem Aktuellen berechnen, sodass die Auswahl des korrekten Spannungszeigers erfolgen kann, siehe 4.5.

4.2.1 Aufbau und Formulierung

Der Algorithmus zur Berechnung des zukünftigen Stromarbeitspunkts ist als Blockschaltbild in Abbildung 4.6 skizziert und besteht aus zwei Koordinatentransformationen, einem Komparator und dem Prädiktionsmodell. Das Prädiktionsmodell beinhaltet ein diskretes Maschinenmodell der PSM, das in Intervallen von 75 µs diskretisiert wird, sowie ein numerisches Integrationsverfahren. Die anliegende Zwischenkreisspannung u_{DC} wird während der Berechnung als konstant angenommen.

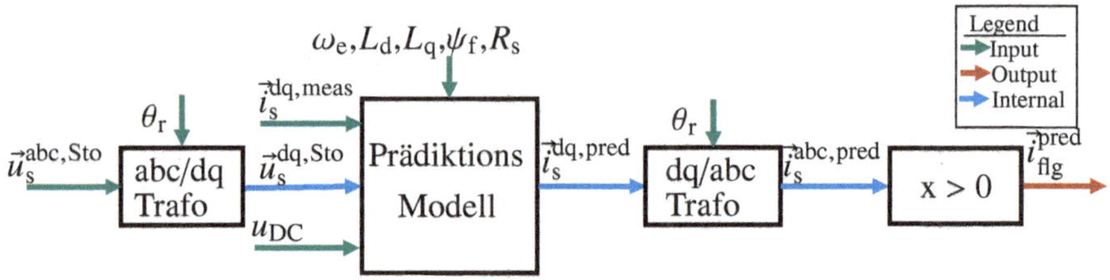

Abbildung 4.6: Blockschaltbild der Stromprädiktion zum sicheren Abschalten

Zur Übersicht sind alle Eingangsgrößen in Tabelle 4.4 aufgelistet. Insbesondere muss der Algorithmus mit den entsprechenden Maschinenparametern, dem Statorwiderstand R_s, der Induktivität in d-Richtung L_d, der Induktivität in q-Richtung L_q und dem Permanentmagnetfluss ψ_f appliziert werden. Der Einfluss der Parameter wird mittels einer Sensitivitätsanalyse untersucht. Zuletzt beeinflusst die eingestellte Statorspannung stark den prädizierten Stromarbeitspunkt.

Tabelle 4.4: Ein- und Ausgangsgrößen der Prädiktion

Inputs:	$\vec{i}_s^{dq,meas}$	$\vec{u}_s^{dq,Sto}$	u_{DC}	L_d	L_q	ψ_f	R_s	ω_e	θ_r
Outputs:	$\vec{i}_{flg}^{pred}$								

Mathematische Formulierung

Als Eingangsgröße wird der gemessene Strom in dq-Koordinaten nach Gleichung Gl. 4.103 verwendet. Zu jeder Ausführung der Prädiktion wird ein neuer Stromwert geladen.

$$\vec{i}_s^{dq,meas} = i_{sd}^{meas} + j \cdot i_{sq}^{meas} \qquad \text{Gl. 4.103}$$

Die anliegende Statorspannung wird durch den STO Zweipunktregler aus dem vorherigen Rechentakt vorgegeben. Da die Statorspannung während eines Rechentaktes nicht geändert werden kann, wird für den Algorithmus eine gemittelte Spannung angenommen. Für die Mittelwertbildung wird der Spannungszeiger um die halbe Prädiktionszeit t^{pred} gemäß Gleichung Gl. 4.104 vorgedreht.

$$\vec{\overline{u}}_{\mathrm{s}}^{\mathrm{dq,Sto}} = \overline{u}_{\mathrm{sd}}^{\mathrm{Sto}} + j \cdot \overline{u}_{\mathrm{sq}}^{\mathrm{Sto}} = \vec{u}_{\mathrm{s}}^{\mathrm{dq,Sto}} \cdot e^{\mathrm{j} \cdot \omega_{\mathrm{e}} t^{\mathrm{pred}}/2} \qquad \text{Gl. 4.104}$$

Die Änderung des Stromarbeitspunkts wird mittels der Differentialgleichungen der PSM berechnet. Um die Integrationsverfahren besser anwenden zu können, wird die Stromänderung in d- und q-Richtung als Funktion von Strom und Spannung definiert, siehe Gleichung Gl. 4.105 und Gl. 4.106.

$$\frac{\mathrm{d}i_{\mathrm{sd}}}{\mathrm{d}t} = f_{\mathrm{d}}(i_{\mathrm{sd}}, i_{\mathrm{sq}}, u_{\mathrm{sd}}) = 1/L_{\mathrm{d}} \cdot (u_{\mathrm{sd}} - R_{\mathrm{s}} i_{\mathrm{sd}} + \omega_{\mathrm{e}} L_{\mathrm{q}} i_{\mathrm{sq}}) \qquad \text{Gl. 4.105}$$

$$\frac{\mathrm{d}i_{\mathrm{sq}}}{\mathrm{d}t} = f_{\mathrm{q}}(i_{\mathrm{sd}}, i_{\mathrm{sq}}, u_{\mathrm{sq}}) = 1/L_{\mathrm{q}} \cdot (u_{\mathrm{sq}} - R_{\mathrm{s}} i_{\mathrm{sq}} - \omega_{\mathrm{e}} L_{\mathrm{d}} i_{\mathrm{sd}} - \omega_{\mathrm{e}} \psi_{\mathrm{f}}) \qquad \text{Gl. 4.106}$$

Die allgemeine Rechenvorschrift für die Heun-Integration [90], [91], die ein explizites zweistufiges Runge-Kutta-Verfahren darstellt, wird mittels der Gleichungen Gl. 4.107 definiert.

$$\begin{aligned} k_1 &= f(t_{\mathrm{n}}, y_{\mathrm{n}}) \\ k_2 &= f(t_{\mathrm{n}} + h, y_{\mathrm{n}} + h \cdot k_1) \\ y_{\mathrm{n+1}} &= y_{\mathrm{n}} + h \cdot (0.5 \cdot k_1 + 0.5 \cdot k_2) \end{aligned} \qquad \text{Gl. 4.107}$$

Im Vergleich zur einfacheren Euler-Integration erhöht die Heun-Integration die Genauigkeit mit nur geringfügigem zusätzlichem Rechenaufwand. Für die hier angewendete Stromprädiktion weisen Integrationsverfahren höherer Ordnung einen größeren Rechenaufwand bei gleichzeitig kleiner Verbesserung der Genauigkeit auf [92] [93].

Die Rechenvorschrift für die Heun-Integration wird exemplarisch für eine PSM angewendet. Zuerst wird die erste Steigung nach Euler in d- und q-Richtung, siehe Gleichung Gl. 4.108, berechnet – durch Einsetzen des gemessenen Stroms $\vec{i}_{\mathrm{s}}^{\mathrm{dq,meas}}$, der gemittelten Spannung $\vec{\overline{u}}_{\mathrm{s}}^{\mathrm{dq,Sto}}$ sowie der Parameter der PSM in die Gleichungen Gl. 4.105 und Gl. 4.106.

$$\begin{aligned} k_{1\mathrm{d}} &= f_{\mathrm{d}}(i_{\mathrm{sd}}^{\mathrm{meas}}, i_{\mathrm{sq}}^{\mathrm{meas}}, i_{\mathrm{sq}}^{\mathrm{meas}}) \\ k_{1\mathrm{q}} &= f_{\mathrm{q}}(i_{\mathrm{sd}}^{\mathrm{meas}}, i_{\mathrm{sq}}^{\mathrm{meas}}, i_{\mathrm{sq}}^{\mathrm{meas}}) \end{aligned} \qquad \text{Gl. 4.108}$$

Aus den ersten berechneten Steigungen können die zweiten Steigungen nach Gleichung Gl. 4.109 ermittelt werden. Dafür wird mittels der ersten berechneten Steigungen der zukünftige Stromwert näherungsweise berechnet und zur Berechnung der zweiten Steigung verwendet.

$$\begin{aligned} k_{2\mathrm{d}} &= f_{\mathrm{d}}(i_{\mathrm{sd}}^{\mathrm{meas}} + t^{\mathrm{pred}} \cdot k_{1\mathrm{d}}, i_{\mathrm{sq}}^{\mathrm{meas}} + t^{\mathrm{pred}} \cdot k_{1\mathrm{q}}, \overline{u}_{\mathrm{sd}}^{\mathrm{sto}}) \\ k_{2\mathrm{q}} &= f_{\mathrm{q}}(i_{\mathrm{sd}}^{\mathrm{meas}} + t^{\mathrm{pred}} \cdot k_{1\mathrm{d}}, i_{\mathrm{sq}}^{\mathrm{meas}} + t^{\mathrm{pred}} \cdot k_{1\mathrm{q}}, \overline{u}_{\mathrm{sq}}^{\mathrm{sto}}) \end{aligned} \qquad \text{Gl. 4.109}$$

Aus den zuvor bestimmten Steigungen bzw. Stromänderungen in d- und q-Richtung kann näherungsweise nach der Heun-Integration der prädizierte Stromwert in d- und q-Richtung nach Gleichung Gl. 4.110 berechnet werden.

$$\begin{aligned} i_{\mathrm{sd}}^{\mathrm{pred}} &= i_{\mathrm{sd}}^{\mathrm{meas}} + t^{\mathrm{pred}} \cdot (0.5 \cdot k_{1\mathrm{d}} + 0.5 \cdot k_{2\mathrm{d}}) \\ i_{\mathrm{sq}}^{\mathrm{pred}} &= i_{\mathrm{sq}}^{\mathrm{meas}} + t^{\mathrm{pred}} \cdot (0.5 \cdot k_{1\mathrm{q}} + 0.5 \cdot k_{2\mathrm{q}}) \\ \vec{i}_{\mathrm{s}}^{\mathrm{dq,pred}} &= i_{\mathrm{sd}}^{\mathrm{pred}} + j \cdot i_{\mathrm{sq}}^{\mathrm{pred}} \end{aligned} \qquad \text{Gl. 4.110}$$

Um den richtigen Spannungszeiger auszuwählen, wird der aktuelle Stromsektor mittels Vorzeichen des dreiphasigen Stroms bestimmt. Daher wird der prädizierte dq-Strom zurück transformiert, siehe Gl. 4.111.

$$\vec{i}_{\mathrm{s}}^{\mathrm{abc,pred}} = M_{\alpha\beta}^{-1} \cdot M_{\mathrm{dq}}^{-1} \cdot \vec{i}_{\mathrm{s}}^{\mathrm{dq,pred}} \qquad \text{Gl. 4.111}$$

Der Stromsektor wird mittels eines logischen Vergleichs nach Gl. 4.112 berechnet.

$$\vec{i}_{\mathrm{flg}}^{\mathrm{pred}} = \vec{i}_{\mathrm{s}}^{\mathrm{abc,pred}} > 0 \qquad \text{Gl. 4.112}$$

Hystereseband

Ein Messrauschen oder kleine Modellungenauigkeiten können nahe einer Sektorgrenze einem Hin- und Herschalten verursachen. Die Stromprädiktion wird daher mit einer Hysterese an den Sektorgrenzen erweitert. Die Sektorgrenzen liegen bei $30°, 90°, 160°, 220°, 290°, 330°$ in $\alpha\beta$-Koordinaten. Um jede Grenze wird ein linkes und rechtes Hystereseband gewählt. Innerhalb der Hysterese wird kein neuer Spannungszeiger ausgewählt und der Stromzeiger muss erst das Hystereseband durchlaufen, um einen neuen Spannungszeiger auszuwählen, siehe Abbildung 4.7.

Mathematisch wird der Stromsektor durch Gleichung Gl. 4.112 aus dreiphasigen Strömen berechnet. Die definierte Hysterese in $\alpha\beta$-Koordinaten muss in dreiphasige Ströme umgerechnet werden. Dazu wird der prädizierte dq-Stromzeiger $\vec{i}_{\mathrm{s}}^{\mathrm{dq,pred}}$ um den Winkel des linken und rechten Hysteresebands gedreht. Dadurch verschiebt sich

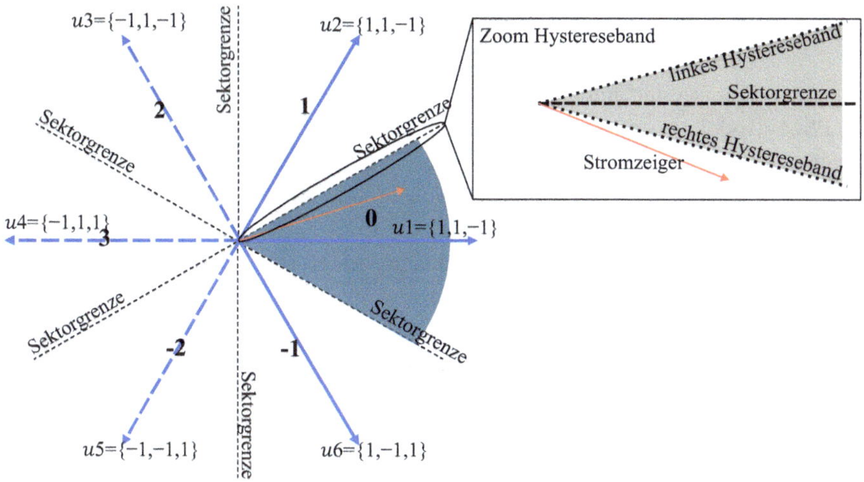

Abbildung 4.7: Zeigerdiagramm der Sektorgrenzen zur Wahl des Lade- und Endladespannungszeigers in der $\alpha\beta$-Ebene

der Nulldurchgang des dreiphasig-prädizierten Stroms zur Bestimmung der Sektorgrenzen jeweils um das linke und rechte Hystereseband. Der boolsche Stromvektor $\vec{i}_{\text{flg}}^{\text{Hys}}$ hat für jede der drei Stromphasen den Wert 1 oder 0 bzw. wahr oder falsch. Die beiden Ströme, die um die Hysteresegrenze verschoben sind, sind logisch mit dem exklusiv-oder verknüpft, um den Bereich innerhalb des Hysteresebands zu erkennen, siehe Gl. 4.113.

$$\vec{i}_{\text{flg}}^{\text{Hys}} = ((M_{\alpha\beta}^{-1} \cdot M_{\text{dq}}^{-1} [\vec{i}_{\text{s}}^{\text{dq,pred}} \cdot e^{j\alpha_{\text{hys}}^{\text{left}}}]) > 0) \oplus ((M_{\alpha\beta}^{-1} \cdot M_{\text{dq}}^{-1} \cdot [\vec{i}_{\text{s}}^{\text{dq,pred}} \cdot e^{j\alpha_{\text{hys}}^{\text{right}}}]) > 0) \quad \text{Gl. 4.113}$$

Zur Berechnung des boolschen Hysteresevektors müssen zuerst die Ausdrücke innerhalb der Klammern berechnet werden, da die Formulierung nicht kommutativ ist.

Wenn der Stromzeiger einen Winkel innerhalb der Hysteresebreite erreicht, bleibt der zuvor ausgewählte Spannungszeiger unverändert. Erst wenn der Stromwinkel die Hysteresebreite überschreitet, wird ein neuer Spannungszeiger ausgewählt. Die Hysterese trägt dazu bei, ein stabiles Verhalten an den Sektorgrenzen sicherzustellen und ein unerwünschtes Hin- und Herschalten zu verhindern.

4.2.2 Sensitivitätsanalyse der Maschinenparameter

Mit einer Sensitivitätsanalyse sollen die sensitiven Parameter zur Applikation des PSM-Modells ermittelt werden. Anschließend können die Parameter, die einen geringen Einfluss auf die Genauigkeit der Stromprädiktion aufweisen, z.B. als fester Zahlenwert anstatt einer zweidimensionalen Tabelle hinterlegt werden. Da aus dem prädizierten Stromwert der Stromsektor bestimmt wird, wird zur Bewertung der Sensitivität nur der Winkelfehler θ_{error} anstatt des Betrags zwischen den Zeigern betrachtet, siehe 4.8.

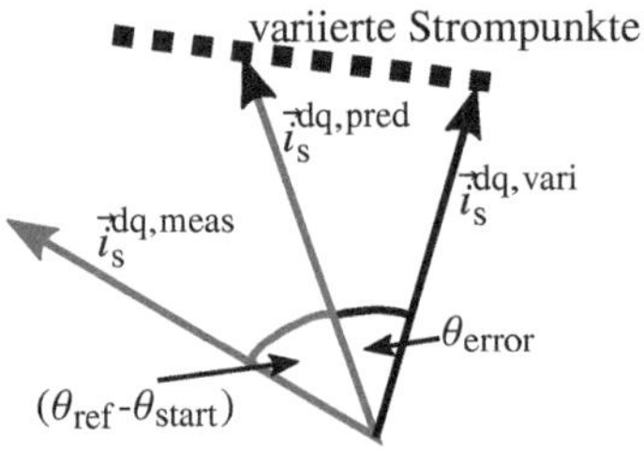

Abbildung 4.8: Zeigerdiagramm zur Sensitivitätsanalyse in der dq-Stromebene

Zur Berechnung der Sensitivität wird eine Größe zu einem Zeitpunkt verändert und dessen Auswirkung auf die Genauigkeit der Stromprädiktion ermittelt [94]. D.h. jeder Parameter des PSM-Modells wird nacheinander verändert und die Stromprädiktion wird für einen Zeitschritt $t^{\text{pred}} = 75\,\mu\text{s}$ ausgeführt. Anstatt alle aktiven Spannungszeiger zu testen, wird während des Zeitschritts die Nullspannung, also $\vec{u}_{\text{s}}^{\text{dq}} = 0\,\text{V}$, als Eingangsspannung verwendet. Der ausgewählte Startwert der Stromprädiktion lautet: $i_{\text{sd}}^{\text{meas}} = -300\,\text{A}$ und $i_{\text{sq}}^{\text{meas}} = 300\,\text{A}$.

Alle vier Parameter R_{s}, L_{d}, L_{q} und ψ_{f} haben für den ausgewählten Startarbeitspunkt einen exakten Zahlenwert x^{ref} basierend auf den FEM-Daten und einen veränderten Zahlenwert x^{vari}. Der veränderte Zahlenwert basiert auf 20 äquidistanten Punkten zwischen dem maximalen und minimalen Wert der FEM-Daten. Die prozentuale Änderung eines jeden Parameters wird gemäß Gl. 4.114 berechnet.

$$\Delta x = (\frac{x^{\text{vari}}}{x^{\text{ref}}} - 1) \cdot 100 \qquad \text{Gl. 4.114}$$

Mit den exakten und den veränderten Parameterwerten wird die Stromprädiktion ausgeführt und jeweils der Winkel nach Gl. 4.115 berechnet.

$$\theta_{\text{pred}} = \arctan(i_{\text{sq}}^{\text{pred}} / i_{\text{sd}}^{\text{pred}}) \qquad \text{Gl. 4.115}$$

Der absolute Winkelfehler liegt zwischen dem Stromzeiger mit variiertem Parameter und dem Stromzeiger mit exaktem Parameter und wird nach Gl. 4.116 bestimmt.

$$\theta_{\text{error}} = (\theta_{\text{vari}} - \theta_{\text{ref}}) \qquad \text{Gl. 4.116}$$

Zur Ermittlung der Sensitivität der Parameter wird in Gl. 4.117 der prozentuale Winkelfehler definiert, wobei θ_{ref} der prädizierte Winkel mit exakten Parametern und θ_{vari} der prädizierte Winkel mit veränderten Parametern und θ_{start} der Winkel des gemessenen Stroms bzw. des Startwerts der Stromprädiktion ist.

$$\theta_{\text{error}} = (\theta_{\text{vari}} - \theta_{\text{ref}}) \cdot \frac{100}{\theta_{\text{ref}} - \theta_{\text{Start}}} \qquad \text{Gl. 4.117}$$

Der prozentuale Winkelfehler ist auf die Winkeländerung $\theta_{\text{ref}} - \theta_{\text{Start}}$, welche durch eine exakte Prädiktion entsteht, normiert.

Die Sensitivität der vier Maschinenparameter ist in Abbildung 4.9 für verschiedene Drehzahlen dargestellt. 8000 rpm wird als obere Grenze gewählt, da bei noch höheren Drehzahlen STO nicht angewendet wird. Die beiden Induktivitäten L_{d} und L_{q} verursachen den größten prozentualen Winkelfehler von ungefähr 50 %, siehe Abbildung 4.9b und 4.9c. Dies bedeutet, dass die Sättigungseffekte durch L_{d} und L_{q} nicht vernachlässigbar sind und daher als Kennfelder oder Polynom appliziert werden müssen, um den Winkelfehler zu minimieren. Der Permanentmagnetfluss ψ_{f} weist für kleinere Änderungen einen größeren prozentualen Winkelfehler auf als der Statorwiderstand, siehe Abbildung 4.9d und 4.9a. Daher wird ψ_{f} ebenfalls mittels FEM-Daten appliziert. Die Genauigkeit des Statorwiderstands hat den kleinsten Einfluss auf den Winkelfehler. Bei Drehzahlen unter 1000 rpm wird der Winkelfehler etwas größeren. Jedoch wird dieser Bereich ebenfalls vernachlässigt, da die Stromprädiktion vor allem im mittleren Drehzahlbereich ab 2000 rpm eine Verbesserung erzielen kann, da erst größere Drehzahlen einen Winkelfehler des Stromzeigers verursachen. Folglich kann der Statorwiderstand als skalare Größe abgespeichert werden.

4.2.3 Realisierung auf dem Steuergerät

Die Stromprädiktion soll auf einem Seriensteuergerät online berechnet werden. D.h. die Stromprädiktion muss echtzeitfähig sein, also innerhalb eines Rechentaktes berechnet werden, und zusätzlich müssen alle anderen Softwarekomponenten im

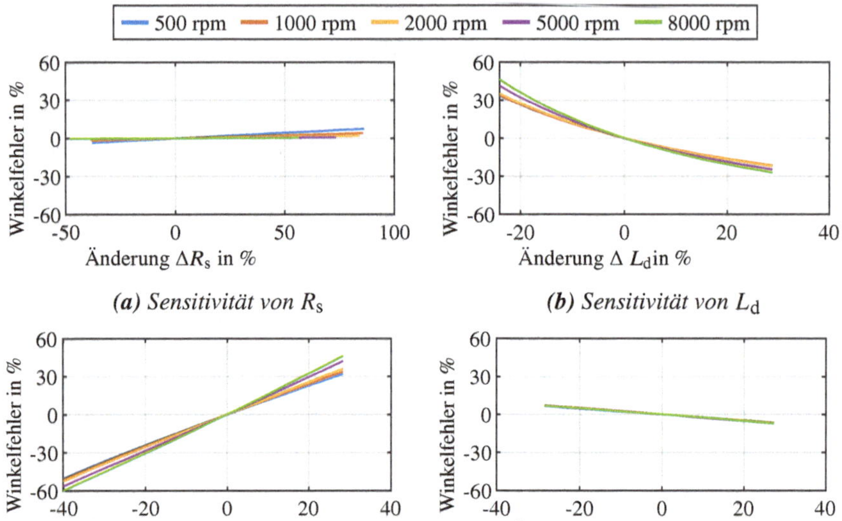

(a) Sensitivität von R_s *(b) Sensitivität von L_d*

(c) Sensitivität von L_q *(d) Sensitivität von ψ_f*

Abbildung 4.9: Sensitivität der Maschinenparameter bei unterschiedlichen Drehzahlen hinsichtlich des Winkelfehlers

PWM-Raster berechnet werden können. Daher soll die Stromprädiktion recheneffizient sein und der Rechenaufwand wird methodisch minimiert.

Freiheitsgrade zur Beeinflussung des Rechenaufwands sind die Wahl des Integrationsverfahrens und die Wahl der Maschinenapplikation, also die Verwendung von Kennfeldern oder von approximierten Polynomen. Beide Freiheitsgrade beeinflussen auch die Genauigkeit des Algorithmus, weshalb beide Aspekte berücksichtigt werden. Zunächst wird für jeden Freiheitsgrad der Rechenbedarf ermittelt, dann die Genauigkeit untersucht und abschließend die Implementierungsentscheidung getroffen.

Methode zum Abschätzen des Rechenaufwands

Ob ein Algorithmus echtzeitfähig ist, hängt neben der Art der Implementierung auch von der Leistungsstärke des Rechners ab. Um den Rechenaufwand unabhängig vom verwendeten Rechner bzw. Mikrocontroller bewerten zu können, werden die

FLOP gezählt. Als FLOP werden Rechenoperationen, wie zum Beispiel Additionen, Subtraktionen, und Multiplikationen gezählt [95]. Divisionen sollen möglichst vermieden werden, weil diese einen höheren Rechenaufwand als die anderen Grundrechenoperationen aufweisen. Im Folgenden werden die FLOP für verschiedene Teile des Prädiktionsalgorithmus gezählt, um möglichst Rechenzeit im Steuergerät einzusparen. Multiplikationen, Additionen und Subtraktionen werden gleich gewichtet hinsichtlich des Rechenaufwands.

Wahl des Integrationsverfahren

Als Integrationsverfahren werden zur Übersicht Runge-Kutta Integrationsverfahren bis zur vierten Ordnung untersucht, siehe Tabelle 4.5; dabei wird unterschieden, ob die Integrationsgröße eindimensional oder zweidimensional ist. Bei höheren Dimensionen erhöht sich der Rechenaufwand linear.

Tabelle 4.5: Rechenaufwand unterschiedlicher Integrationsordnungen

Integrationsordnung	Funktionsaufrufe	FLOP für 1D	FLOP für 2D
1.(RK1)	1	2	4
2.(RK2)	2	6	11
3.(RK3)	3	13	24
4.(RK4)	4	16	29

Um die Stromänderung mittels PSM-Modell zu berechnen wird in d- und q-Richtung, also in zwei Dimensionen, integriert. In Tabelle 4.6 werden die FLOP des PSM-Modells, des Integrationsverfahrens in d- und q-Richtung und deren Kumulation dargestellt. FLOP Gesamt entspricht der Anzahl der kumulativen Operationen für die Stromprädiktion mit linearen Maschinenparametern.

Die Genauigkeit der verschiedenen Integrationsverfahren wird in der Simulation untersucht. Um nur den Einfluss des Integrationsverfahrens zu untersuchen, wird ein lineares PSM-Modell mit konstanten Parametern bei konstanter Drehzahl bei 5000 rpm und konstanter Nullspannung $\vec{u}_{\mathrm{s}}^{\mathrm{dq}} = 0\,\mathrm{V}$ und $\vec{i}_{\mathrm{s}}^{\mathrm{dq}} = 0\,\mathrm{A}$ als Startpunkt verwendet. Die DGL der PSM wird mit den ersten vier Ordnungen des expliziten Runge-Kutta-Verfahrens für 10 ms integriert und der Stromverlauf wird mit der exakten Lösung verglichen, siehe Abbildung 4.10. RK1 wird wie bekannt instabil bei längeren Integrationszeiten, siehe Abbildung 4.10a und 4.10b. Daher wird RK1

Tabelle 4.6: Rechenaufwand des Integrationsverfahrens für ein PSM-Modell

Integrationsordnung	FLOP PSM	FLOP Integration	FLOP Gesamt
1.(RK1)	18	4	22
2.(RK2)	36	11	47
3.(RK3)	54	24	78
4.(RK4)	72	29	101

beim Vergleich der Integrationsverfahren hinsichtlich des absoluten Stromamplitudenfehlers und des Winkelfehlers nicht betrachtet. Bei langen Integrationszeiten von bis zu 10 ms werden der absolute Stromfehler sowie der Winkelfehler beim RK2-Verfahren deutlich, siehe Abbildung 4.10c und 4.10d. Bei noch längeren Integrationszeiten werden sich die anderen Integrationsverfahren ebenfalls aufschwingen und instabil.

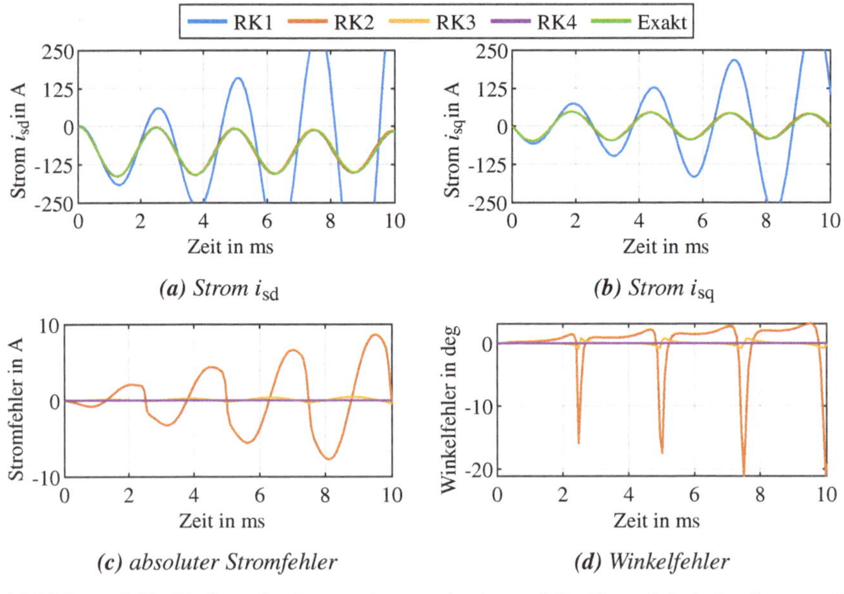

(a) Strom i_{sd} *(b) Strom i_{sq}*

(c) absoluter Stromfehler *(d) Winkelfehler*

Abbildung 4.10: Einfluss der Integrationsmethoden auf die Genauigkeit der Stromprädiktion

Bei sehr kleinen Schrittweiten von $t^{\text{pred}} = 75\,\mu\text{s}$ sind die Verfahren stabil. Außerdem ist die Genauigkeit des Integrationsverfahren für die Stromprädiktion entscheidend. Daher werden in Tabelle 4.7 der Winkelfehler und die Betragsfehler des prädizierten Stromwerts für jedes Integrationsverfahren mit der Anzahl der FLOP verglichen. Durch Anwendung eines expliziten RK2, wie die Heun-Integration, kann der Winkelfehler von $-8{,}95$ auf quasi 0 reduziert werden. Dafür erhöhen sich die Rechenoperationen von 22 FLOP auf 47 FLOP. Integrationsverfahren der Ordnung drei oder mehr bringen keine weiteren Vorteile, da nur der Rechenaufwand steigen würde und die Genauigkeit minimal verbessert wird.

Tabelle 4.7: Gegenüberstellung des Rechenaufwands und der Genauigkeit des diskreten PSM-Modells

Ordnung	FLOP Prädiktion	$\lvert\vec{i}_{\text{s}}^{\text{dq,error}}\rvert$ in A	θ_{error} in deg
1.(RK1)	22	0.05	-8.95
2.(RK2)	47	-0.06	-0.02
3.(RK3)	78	0.00	0.03
4.(RK4)	101	0.00	0.00

Kennfelder mit bilinearer Interpolation

Nach der Sensitivitätsanalyse werden die Induktivitäten L_{d} und L_{q} sowie der Permanentmagnetfluss ψ_{f} als nicht lineare Kennfelder zur Applikation des PSM-Modells benötigt. Der Speicherbedarf eines Kennfeldes steigt mit der Anzahl der Stützstellen. Aufgrund des limitierten Speichers werden Kennfelder interpoliert, um den genauen Zahlenwert zwischen den Stützstellen zu erhalten. Im Folgenden wird der benötigte Rechenaufwand eines Kennfeldes mit bilinearer Interpolation abgeschätzt, um später diesen mit einem Polynom vergleichen zu können.

Die bilineare Interpolation besteht aus drei linearen Interpolationen und wird für zweidimensionale Tabellen verwendet [96]. Dafür wird zweimal in der ersten und anschließend in der zweiten Dimension interpoliert. Zum Beispiel wird zweimal in x-Richtung und anschließend einmal in y-Richtung interpoliert, um den interpolierten Tabellenwert zu ermitteln. In Gl. 4.118 wird zuerst in x-Richtung interpoliert:

$$f(x, y_1) = \frac{x_2 - x}{x_2 - x_1} \cdot f(Q_{11}) + \frac{x - x_1}{x_2 - x_1} \cdot f(Q_{21}) \qquad \text{Gl. 4.118}$$

Die zweite Interpolation in x-Richtung wird nach Gl. 4.119 berechnet.

$$f(x, y_2) = \frac{x_2 - x}{x_2 - x_1} \cdot f(Q_{12}) + \frac{x - x_1}{x_2 - x_1} \cdot f(Q_{22}) \qquad \text{Gl. 4.119}$$

Zur Bestimmung des interpolierten Funktionswerts wird anschließend in y-Richtung interpoliert, siehe Gl. 4.120.

$$f(x, y) = \frac{y_2 - y}{x_2 - y_1} \cdot f(x, y_1) + \frac{y - y_1}{y_2 - y_1} \cdot f(x, y_2) \qquad \text{Gl. 4.120}$$

Für den Fall einer äquidistanten Verteilung der Stützstellen kann anstatt der Division immer eine Multiplikation durchgeführt werden und der Rechenaufwand verringert sich. Im Folgenden werden die FLOP für äquidistante Stützstellen ermittelt. Der Rechenaufwand für eine bilineare Interpolation ist in Tabelle 4.8 dargestellt, wobei der Rechenaufwand für die lineare Suche vom gesuchten Wert abhängt. Zum Beispiel kann die Stützstelle im ersten Schritt gefunden werden, wodurch die Suche nur zwei Vergleiche, also 2 FLOP braucht. Im schlimmsten Fall muss die lineare Suche einen Vergleich an jeder Stützstelle durchführen. Bei einem 14x14 großen Kennfeld entspricht dies 28 FLOP.

Tabelle 4.8: Rechenaufwand eines Kennfelds mit bilinearer Interpolation

	FLOP
3 lineare Interpolationen	21
Lineare Suche für 14x14	2-28
Gesamt	23-49

Polynomapproximation der Kennfelder

Anstatt die Parameter des PSM-Modells in einer Tabelle abzuspeichern, kann das Kennfeld durch ein Polynom approximiert werden. Ein allgemeines Polynom vierter Ordnung ist in Gleichung Gl. 4.121 formuliert. Das Ziel ist mit einem Polynom den Rechenaufwand zu verringern und möglichst die gleiche Genauigkeit wie das Kennfeld abzubilden.

Tabelle 4.9: Rechenaufwand verschiedener Polynomapproximationen

(a) allgemeines Polynom

Ordnung des Polynoms:	0	1	2	3	4
FLOP pro Ordnung:	0	4	9	16	25
FLOP Kumuliert:	0	4	13	29	54

(b) ausgewählte Polynome

P_0	P_1	P_3
-	-	-
0	4	18

$$
\begin{aligned}
P(x_d, x_q) = & \underbrace{k_0}_{0.\ \text{Ordnung}} \underbrace{+ k_{10}x_d + k_{01}x_q}_{1.\ \text{Ordnung}} \\
& \underbrace{+k_{20}x_d^2 + k_{02}x_q^2 + k_{11}x_d x_q}_{2.\ \text{Ordnung}} \\
& \underbrace{+k_{30}x_d^3 + k_{03}x_q^3 + k_{21}x_d^2 x_q + k_{12}x_d x_q^2}_{3.\ \text{Ordnung}} \\
& \underbrace{+k_{40}x_d^4 + k_{04}x_q^4 + k_{31}x_d^3 x_q + k_{22}x_d^2 x_q^2 + k_{13}x_d x_q^3}_{4.\ \text{Ordnung}}
\end{aligned}
\qquad \text{Gl. 4.121}
$$

In Tabelle 4.9a sind die FLOP jeder einzelnen Ordnung sowie die kumulierten FLOP aller einzelnen Ordnungen des allgemeinen Polynoms aufgelistet. Die Berechnung des Zahlenwerts durch ein Polynom vierter Ordnung benötigt 54 FLOP. Dahingegen verbraucht die bilineare Interpolation zur Berechnung des Zahlenwertes aus einem 14x14 großen Kennfeld bis zu 49 FLOP. Das Polynom vierter Ordnung führt nur fünf weitere Rechenoperationen aus und braucht weniger Speicherplatz, da die Anzahl der Koeffizienten kleiner als die Anzahl der Stützstellen ist. Einige Koeffizienten des allgemeinen Polynoms können aufgrund der Maschinensymmetrie vernachlässigt werden, wodurch der Rechenaufwand sowie der Speicherbedarf weiter verringert werden [97].

Zuerst werden kleinere Polynome mit weniger Koeffizienten ausgewählt und anschließend wird der Einfluss auf das PSM-Modell untersucht. Die Methode der kleinsten Quadrate wird angewendet, um die Koeffizienten des Polynoms zu finden. Koeffizienten, die keinen Einfluss auf Güte der Approximation haben, werden ebenfalls vernachlässigt. Die jeweils besten Polynome der nullten Ordnung Gl. 4.122, der ersten Ordnung Gl. 4.123 und der dritten Ordnung Gl. 4.122 werden für die weiteren Untersuchungen ausgewählt. Die jeweilige Anzahl der Rechenoperationen ist in Tabelle 4.9b aufgelistet.

$$P_0(x_\mathrm{d}, x_\mathrm{q}) = k_0 \qquad \text{Gl. 4.122}$$

$$P_1(x_\mathrm{d}, x_\mathrm{q}) = k_0 + k_{10}x_\mathrm{d} + k_{01}x_\mathrm{q} \qquad \text{Gl. 4.123}$$

$$P_3(x_\mathrm{d}, x_\mathrm{q}) = k_0 + k_{10}x_\mathrm{d} + k_{01}x_\mathrm{q} + k_{20}x_\mathrm{d}^2 + k_{02}x_\mathrm{q}^2 + k_{30}x_\mathrm{d}^3 + k_{12}x_\mathrm{d}x_\mathrm{q}^2 \qquad \text{Gl. 4.124}$$

Zur Bewertung der Genauigkeit wird der Winkelfehler zwischen Stromprädiktion mit Polynom und Stromprädiktion mit Kennfeld verglichen. Die Stromprädiktion wird von jeder Stützstelle des Kennfeldes mit der Nullspannung ausgeführt. Anschließend wird der Winkelfehler zwischen dem prädizierten Stromzeiger mit bilinear-interpoliertem Kennfeld und den drei ausgewählten Polynomen berechnet, siehe Abbildung 4.11. Abbildung 4.11a vergleicht als Referenz den entstehenden Winkelfehler ohne Stromprädiktion. Auffällig ist, dass das Polynom 1. Ordnung P_1 einen vergleichbaren Fehler wie das Polynom 3. Ordnung P_3 aufweist.

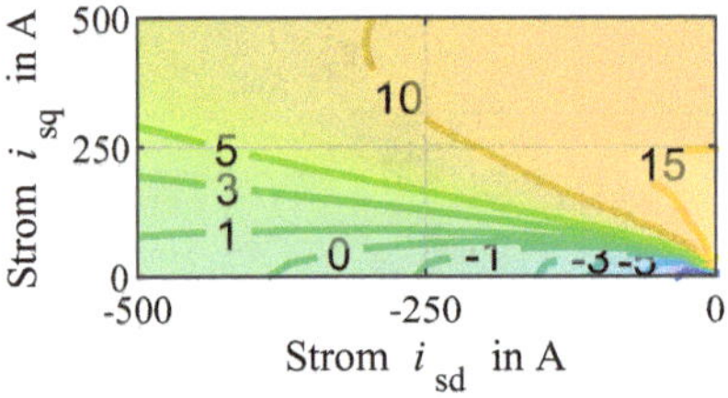

(a) Fehler in ° ohne Prädiktion

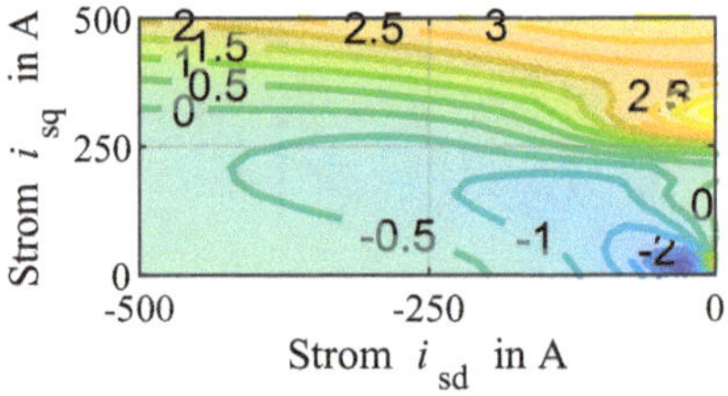

(b) Fehler in ° 0. Ordnung Polynom

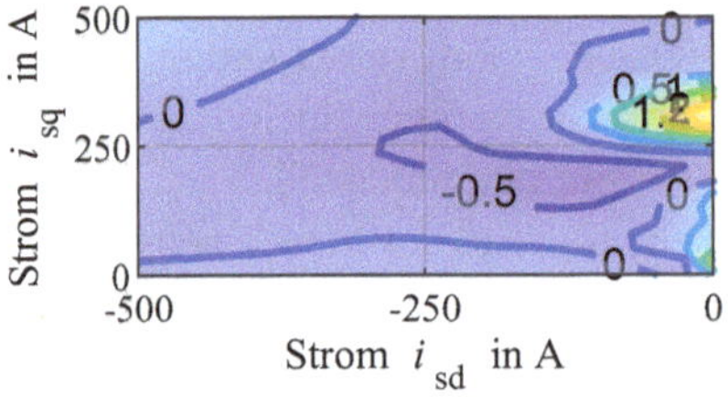

(c) Fehler in ° 1. Ordnung Polynom

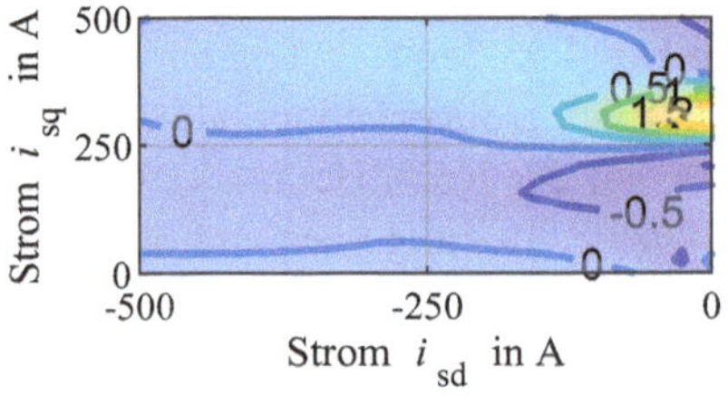

(d) Fehler in ° 3. Ordnung Polynom

Abbildung 4.11: Einfluss der Polynomapproximation auf den Winkelfehler bei 5000 rpm

Zuvor wurde nur der Winkelfehler der Stromprädiktion mit der Nullspannung untersucht. Um eine genaue Aussage zu treffen, wird die Stromprädiktion mit

Polynom mit allen sechs aktiven Spannungszeigern sowie der Nullspannung bei den Drehzahlen 1000 rpm, 5000 rpm, 8000 rpm an jeder Stützstelle des Kennfeldes ausgeführt. Insgesamt werden 8400 Stromprädiktionen pro Polynom durchgeführt. Die Verteilung der Winkelfehler ist in Abbildung 4.12 dargestellt. Der Winkelfehler wird wieder zwischen prädizierten Stromzeiger mit bilinear-interpolierten Kennfeld und den drei ausgewählten Polynomen berechnet. Beim Polynom 0. Ordnung sind 90 % der Winkelfehler vom Betrag kleiner als 5 , siehe Abbildung 4.12b. Durch das Polynom 1. Ordnung sind 90 % der Fehler kleiner als 1,4 , siehe Abbildung 4.12c und durch das Polynom 3.Ordnung sind 90 % der Fehler kleiner als 1 , siehe Abbildung 4.12d.

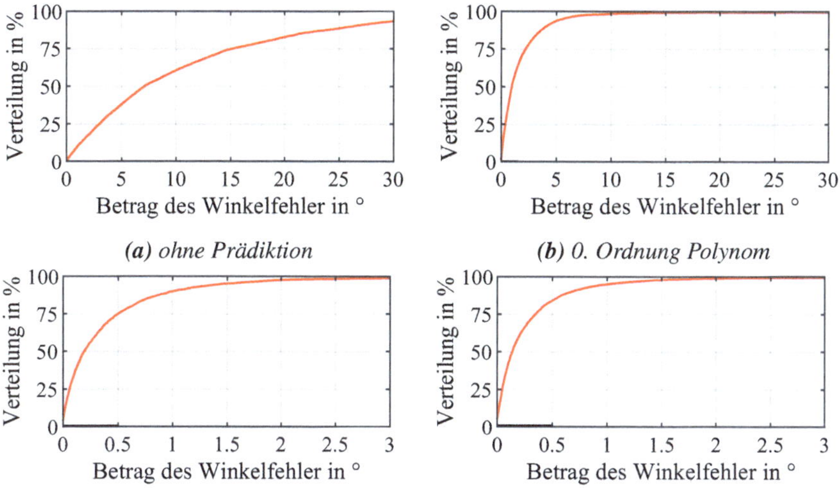

(a) ohne Prädiktion

(b) 0. Ordnung Polynom

(c) 1. Ordnung Polynom

(d) 3. Ordnung Polynom

Abbildung 4.12: Verteilung der Winkelfehler der Stromprädiktion durch Polynomapproximation getestet bei 1000 rpm, 5000 rpm, 8000 rpm und jeweils 8 aktiven Spannungszeigern

Implementierungsentscheidung

Das methodische Vorgehen umfasst die Wahl eines geeigneten numerischen Integrationsverfahrens sowie eine optimierte Applikation, wodurch überflüssige Rechenoperationen sowie Speicherplatz eingespart werden.

Die Untersuchungen zeigen, dass ein Integrationsverfahren zweiter Ordnung die Genauigkeit der Stromprädiktion im Vergleich zur ersten Ordnung verbessert. Integrationsverfahren höherer Ordnungen verbessern nicht signifikant die Genauigkeit des Modells, weshalb diese nicht angewendet werden.

Die Maschinenparameter können durch ein Polynom 1. Ordnung P_1 approximiert werden und ein Winkelfehler von bis zu 1,4 ° ist zu erwarten. Die bilineare Interpolation weist zwischen 23 und 49 FLOP auf, abhängig davon wie viele Schritte die Indexsuche benötigt. Die ausgewählten Polynome 1. und 2. Ordnung brauchen nur 4 FLOP und 18 FLOP. Daher wird ein Polynom 1. Ordnung auf dem Steuergerät implementiert.

4.3 Zusammenfassung

Dieses Kapitel behandelt die optimale Steuerung in einen beliebigen Zielarbeitspunkt sowie die Stromprädiktion zum sicheren Abschalten.

Die optimale Steuerung der permanenterregten Synchronmaschine (PSM) hat das Ziel, einen beliebigen Arbeitspunktwechsel optimal hinsichtlich des mathematischen Kostenfunktionals durchzuführen. Der Arbeitspunktwechsel wird als Optimierungsaufgabe formuliert: Erstens soll der Arbeitspunktwechsel schnellstmöglich sein und zweitens soll der Arbeitspunktwechsel energieeffizient sein, also soll der Energiefluss zwischen Zwischenkreiskondensator und PSM minimal sein. Die Herausforderung besteht darin, eine geeignete mathematische Formulierung für das Optimalsteuerungsproblem (OSP) zu finden und dieses zu lösen.

Für die Lösung der beiden Optimierungsprobleme werden sowohl die direkte als auch die indirekte Methoden betrachtet, untersucht und angewendet. Die direkte Methode konvertiert das Optimierungsproblem durch Diskretisierung der Systemdynamik in ein NLP, welches anschließend mit einem NLP-Solver der Matlabfunktion *fminCon* gelöst wird. Die indirekte Methode, basierend auf Pontryagins Minimumprinzip (PMP), führt zu einem Randwertproblem mit einer weiteren Differentialgleichung sowie weiteren Bedingungen, die in ein NLP umgewandelt und ebenfalls numerisch gelöst werden können. Die indirekte Methode bietet den Vorteil, dass ein Solver schneller die Lösung finden kann. Jedoch erfordert die Anwendung des PMP analytische Vereinfachungen, bevor die numerische Lösung folgt.

Die Umsetzung der optimalen Steuerung erfolgt auf einem Steuergerät, auf dem die optimale Steuerfolge für jeden Arbeitspunkt in einer optimierten Tabelle gespeichert wird. Dies ermöglicht eine schnelle und effiziente Ausführung der optimalen Steuerung in Echtzeit und das OSP muss nicht im Steuergerät gelöst werden.

Für die Stromprädiktion zum sicheren Abschalten wird das Stromprädiktionsmodell aus der OSP-Formulierung angewendet und online auf dem Steuergerät gelöst. Die Stromprädiktion ermöglicht die robuste Auswahl des aktiven Spannungszeigers des in der Literatur beschriebenen STO-Verfahrens. Zur Erreichung einer echtzeitfähigen Implementierung werden geeignete Integrationsverfahren untersucht sowie eine Methode zur Rechenzeitoptimierung angewendet. Ein Integrationsverfahren zweiter Ordnung ist ausreichend genau und erfordert weniger Rechenoperationen als ein Verfahren höherer Ordnung. Die Modellparameter des nicht linearen PSM-Modells werden als Polynom erster Ordnung approximiert, da dies weniger Rechenbedarf gegenüber einem linear-interpolierten Kennfeld aufweist.

5 Simulations- und Messergebnisse

In diesem Kapitel werden Ergebnisse von Simulationen und Prüfstandsmessungen zur Validierung der entwickelten Methode zur optimalen Regelung einer PSM vorgestellt. Die Simulationen ermöglichen es, verschiedene Szenarien und Parameteränderungen in einer kontrollierten Umgebung zu untersuchen, während experimentelle Messungen das tatsächliche Verhalten unter realen Bedingungen erfassen.

5.1 Simulative Untersuchung

Zunächst wird die Simulationsumgebung beschrieben, in der die beiden Methoden, optimale Steuerung und stromprädiktives sicheres Abschalten, getestet werden. Die optimale Steuerung wird am Beispiel der Überführung in den sicheren Zustand untersucht und Stärken und Schwächen werden in der Anwendung identifiziert. Abschließend werden im Falle eines Lastabwurfs das modellprädiktive sichere Abschalten in einem kritischen Arbeitspunkt im Generatorbetrieb simuliert und der Vorteil der Prädiktion aufgezeigt.

5.1.1 Simulationsumgebung

Die Methoden werden in einer Simulationsumgebung für einen elektrischen Antrieb in Matlab/Simulink getestet. Sowohl die Software als auch die Hardwarekomponenten werden abgebildet. Die Hardware umfasst ein Steuergerät mit der Berücksichtigung von Abtast- und Diskretisierungseffekten, einen Wechselrichter sowie ein FEM basiertes nicht lineares PSM-Modell. Wahlweise wird ein lineares PSM-Modell eingesetzt, um die Unterschiede der Verfahren selbst zu vergleichen. Als Softwarekomponenten werden die klassische FOC sowie die Spannungsmodulation verwendet. Zur Untersuchung der optimalen Steuerung wird die optimale Spannungsfolge für den zu untersuchenden Betriebspunkt hinterlegt und bei Bedarf zur Überführung in einen neuen Arbeitspunkt aktiviert. Während der optimalen

P. Wagner, *Optimale Regelung eines elektrischen Traktionsantriebs am Beispiel des sicheren Zustands*, Wissenschaftliche Reihe Fahrzeugtechnik Universität Stuttgart, https://doi.org/10.1007/978-3-658-50183-9_5

Steuerung ist der Stromregler der FOC deaktiviert. Die Stromprädiktion zum sicheren Abschalten wird bei Lastabwurf aktiviert und ein Zweipunktspannungsregler stellt die aktiven Spannungszeiger ohne Spannungsmodulation. Zum Vergleich wird die Methode sicheres Abschalten (STO) mit eingeschalteter und ausgeschalteter Stromprädiktion simuliert.

5.1.2 Optimale Steuerung zur Überführung in den sicheren Zustand

Die optimale Steuerung wird zur Herstellung des sicheren Zustands angewendet. Vor der Herstellung des sicheren Zustands wird die PSM in einen geeigneten Zielarbeitspunkt, den stationären Kurzschlussarbeitspunkt, überführt. Das kontrollierte Umschalten gewährleistet einen Schutz vor Überströmen und Überspannungen des Antriebs. Die optimale Spannungsfolge wird offline berechnet und ein Spannungsmodulator wandelt die optimale Spannungsfolge in Ansteuersignale um.

Die Verwendung für den Normalbetrieb wird nicht weiter untersucht. Dies ist keine geeignete Anwendung, da bei einer Steuerung aufgrund von Modellabweichungen zwischen Modell und Prüfling Ausgleichsvorgänge angeregt werden, was dazu führt, dass der Statorstrom und auch das Drehmoment um den Sollwert schwingen.

Untersuchungen im Feldschwächebetrieb

Die Größe des Modellfehlers zwischen linearem und nicht linearem PSM-Modell wird untersucht, denn die optimale Spannungsfolge wird mit einem linearisierten PSM-Modell berechnet. Die Untersuchung findet im Feldschwächebetrieb bei maximalem Drehmoment und maximaler Drehzahl statt. Zuerst werden die Lösungen – die optimalen Spannungsfolgen – des betrags- und energieoptimalen OSP miteinander verglichen.

Abbildung 5.1 zeigt den Vergleich zwischen der betragsoptimalen und der energieoptimalen Spannungsfolge, wobei die betragsoptimalen Größen in blau und die energieoptimalen Größen in orange dargestellt sind. Das schwarze Kreuz markiert den Start-AP und der schwarze Kreis den Ziel-AP. Aufgrund der unterschiedlichen Kostenfunktionale unterscheiden sich die beiden optimalen Spannungsfolgen. Als Resultat bewegt sich der Strom auf einer anderen Stromtrajektorie und der Zwischenkreisstrom wird aufgrund der Energieflussoptimierung zu Null. Durch die optimale Wahl der Eingangsspannung wird im transienten Betrieb der Statorstrom in der PSM erhöht, sodass der DC-Strom nicht zurückfließen kann, obwohl der Antrieb im generatorischen Betrieb ist.

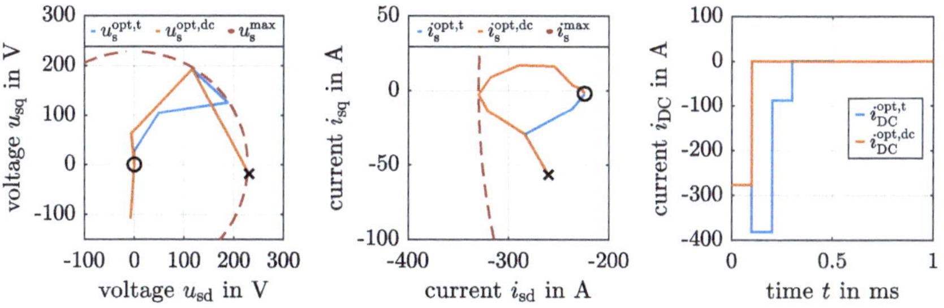

(a) prädizierte Spannungsfolge *(b) prädizierter Statorstrom* *(c) prädizierter Zwischenkreisstrom*

Abbildung 5.1: Simulation der optimalen Steuerung – Prädizierte Größen des OSP bei max. Drehzahl und max. Drehmoment

Die optimalen Spannungsfolgen werden auf ein nicht lineares PSM-Modell angewendet und mit dem direkten AKS verglichen, siehe Abbildung 5.2, wobei die betragsoptimalen Größen in blau, die energieoptimalen Größen in orange und der Statorstrom des AKS in gelb dargestellt sind. Aufgrund des Modellfehlers schwingt der Statorstrom um den Zielarbeitspunkt bei beiden optimalen Spannungsfolgen. Im Vergleich zum AKS ist der maximale Stromüberschwinger viel kleiner, da der maximale Stromüberschwinger, vereinfacht gesagt, größer wird, wenn der Arbeitspunkt zum Zeitpunkt der Aktivierung des AKS weiter entfernt vom AKS Betriebspunkt ist. Daher ist der letzte Stromwert der optimalen Spannungsfolgen mit einem kleinen schwarzen Punkt markiert, da dies der Arbeitspunkt ist, von welchen der AKS bzw. sichere Zustand hergestellt wird.

Ein negativer Zwischenkreisstrom verursacht ein Laden des Kondensators und ein positiver Wert bedeutet Entladen im Falle des Lastabwurfs. Ziel der Optimierung ist der Stromwert Null, damit kein Energieaustausch stattfindet. Ein positiver Stromfluss hätte den Nachteil, dass auch ein größerer Statorstrom in die PSM fließen würde. Auch bei nicht linearem Modell erzeugt die optimale Steuerung nach einem Zeitschritt den Stromfluss von Null, wie im prädizierten Modell. Für diesen Anwendungsfall ist die optimale Steuerung ausreichend genau und robust, da der maximale Stromüberschwinger verkleinert wird und der Ladevorgang des

Kondensators im Transienten gestoppt wird. Dabei sind kleinere Schwingungen um den Zielarbeitspunkt nicht relevant.

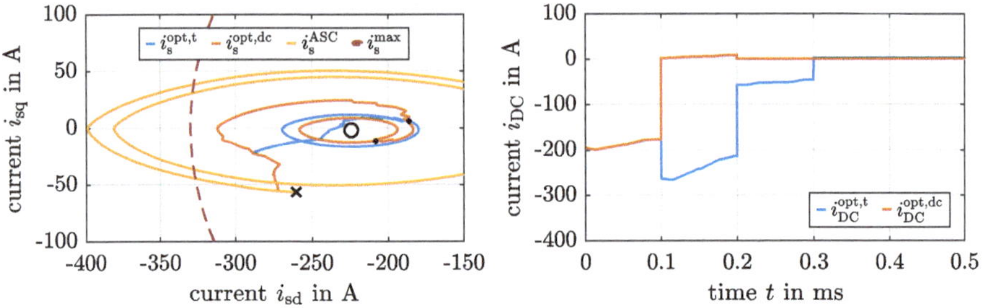

(a) simulierter Statorstrom *(b) simulierter Zwischenkreisstrom*

Abbildung 5.2: Simulation der optimalen Steuerung – Nicht lineare Streckenmodell bei max. Drehzahl und max. Drehmoment

Vergleich klassischer Abschaltstrategien mit optimalen Spannungsfolgen

Um den Unterschied zwischen den vier Methoden direkter AKS, gesteuerter AKS, betragsoptimale und energieoptimale Steuerung zu demonstrieren, werden Simulationen mit einem linearen PSM-Modell bei −300 Nm, 4000 rpm und sowohl bei geschlossenem als auch geöffnetem Batterieschalter durchgeführt. Der direkte AKS (5.3a, 5.4a) verursacht Überströme und einem Anstieg der Zwischenkreisspannung um etwa 25 V. Der gesteuerte AKS (5.3b, 5.4b) verhindert diese Überströme, setzt jedoch den Zwischenkreiskondensator einer sehr hohen Spannung aus, die über 1300 V liegt und zu dessen Zerstörung führen würde. Die betragsoptimale Spannungsfolge (5.3c, 5.4c) erfüllt die Stromgrenzen und reduziert die Zeit bis zum Erreichen des Kurzschlussarbeitspunkts auf 0,8 ms. Dadurch ist der Anstieg der Zwischenkreisspannung geringer als beim gesteuerten AKS, überschreitet jedoch immer noch die Grenze von 600 V.

Die energieoptimale Spannungsfolge (5.3d, 5.4d) berücksichtigt die Zwischenkreisspannung durch Minimierung des Energieflusses in den Zwischenkreiskondensator. Das OSP berücksichtigt den Energiefluss durch Minimierung des DC-Stroms im Kostenfunktional. In der Folge verursacht die energieoptimale Spannungsfolge nur einen unvermeidbaren Spannungsanstieg von 30 V, da im ersten Rechenraster der Energiefluss noch nicht berücksichtigt werden kann und der Statorstrom unterhalb

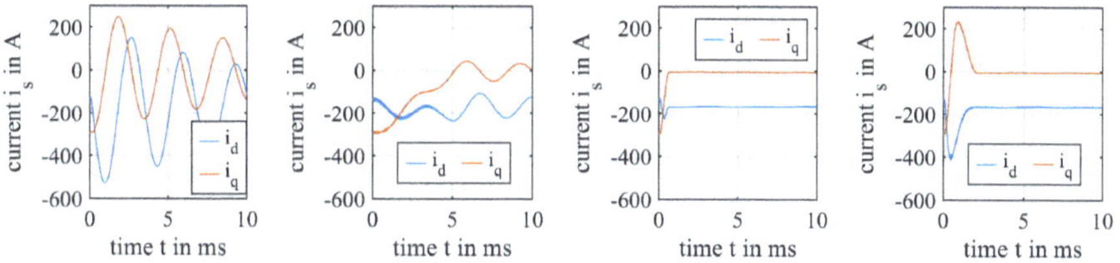

(a) direkter AKS *(b) gesteuerter AKS* *(c) betragsoptimal* *(d) energieoptimal*

Abbildung 5.3: Simulation der optimalen Steuerung – Einfluss verschiedener Methoden auf den Statorstrom

der definierten Stromgrenze bleibt. Im Vergleich zum gesteuerten AKS und zur betragsoptimalen Spannungsfolge balanciert die energieoptimale Spannungsfolge die Belastung zwischen der PSM und dem Zwischenkreiskondensator, indem der Strom bis zur Stromgrenze ansteigt und höhere Verluste in der PSM zulässt. Dadurch fließt weniger Energie in den Zwischenkreiskondensator und der Spannungsanstieg wird reduziert.

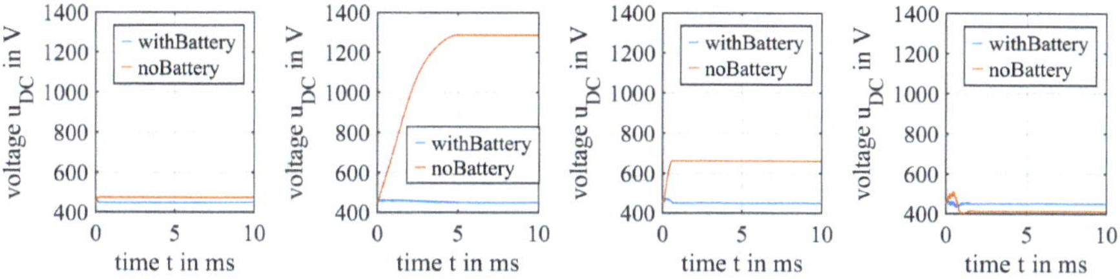

(a) direkter AKS *(b) gesteuerter AKS* *(c) betragsoptimal* *(d) energieoptimal*

Abbildung 5.4: Simulation der optimalen Steuerung – Einfluss verschiedener Methoden auf die Zwischenkreisspannung

Zusammengefasst berücksichtigt die energieoptimale Spannungsfolge sowohl die Stromgrenze als auch die Zwischenkreisspannung. Zusätzlich erreicht die PSM den Kurzschlussarbeitspunkt immer noch vergleichsweise schnell in 1,4 ms. Allerdings unterliegt die energieoptimale Spannungsfolge physikalischen Grenzen, woraus Einschränkungen in der Anwendung resultieren können.

Anwendungsbereich zum Herstellen des sicheren Zustands

Die Überführung und anschließende Herstellung des sicheren Zustand hängt von der Methode ab. Beim direkten Herstellen des sicheren Zustands wird arbeitspunktabhängig zwischen AKS und FW gewählt [65], siehe Abbildung 5.5a. Gründe, warum der FW nicht bei hohen Drehzahlen verwendet wird, sind, dass ein starkes Bremsmoment erzeugt wird und die Rekuperation der Energie über die Freilaufdioden größer ist [98]. Der AKS erzeugt nahe der Nenndrehzahl und hohem Drehmoment den maximalen Stromüberschwinger [99].

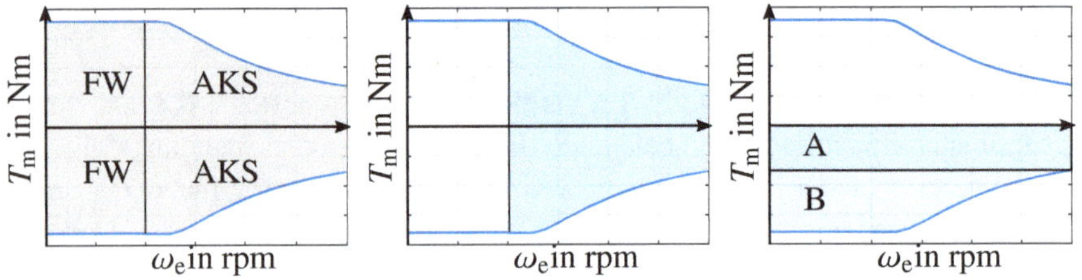

(a) konventionelle direkte Methoden *(b) betragsoptimaler Arbeitspunktwechsel mit Batterie* *(c) energieoptimaler Arbeitspunktwechsel ohne Batterie*

Abbildung 5.5: Anwendungsbereiche der optimalen Spannungsfolgen

Allgemein kann die optimale Spannungsfolge in jedem Arbeitspunkt berechnet werden. Falls die Batterie verbunden ist, muss die Zwischenkreisspannung nicht berücksichtigt werden. Daher ist dann die betragsoptimale Spannungsfolge zur Überführung in den sicheren Zustand zu verwenden. Dadurch wird der maximale transiente Überstrom kleiner im Vergleich zum direkten AKS und die Herstellung des sicheren Zustands wird nur minimal verzögert, siehe Abbildung 5.5b.

Falls die Batterie abgetrennt ist und der Antrieb im generatorischen Betrieb arbeitet, muss die Zwischenkreisspannung im OSP berücksichtigt werden, um eine Beschädigung der Komponenten zu verhindern. Daher eignet sich für diesen Fall die energieoptimale Spannungsfolge, siehe Abbildung 5.5c). Im Bereich A limitiert die zulässige Stromgrenze nicht die Überführung in den Kurzschlussarbeitspunkt, sodass die Energie der PSM in Wärme umgewandelt wird. Im Bereich B hingegen begrenzt die Stromgrenze, als harte Randbedingung, die Erhöhung des Statorstroms in der PSM und Strom muss in den Zwischenkreis fließen. Daher muss der Schutz des Zwischenkreiskondensators überprüft werden und gegebenenfalls die Stromgrenze für den transienten Vorgang erhöht werden. Die physikalische transiente Stromgrenze muss immer kleiner als der Entmagnetisierungsstrom des Permanentmagnets sein, um eine dauerhafte Leistungsreduzierung der PSM zu vermeiden. Jedoch kann die transiente Stromgrenze größer als die stationäre Stromgrenze gewählt werden.

Die Unterscheidung zwischen Bereich A und B und der Einfluss der Stromgrenze wird in Abbildung 5.6 verdeutlicht. Die Auswirkung von drei energieoptimalen Spannungsfolgen auf den Statorstrom wird in Abbildung 5.6a verglichen. Das schwarze Kreuz ist der Startarbeitspunkt und der schwarze Kreis der Zielarbeitspunkt. Die erste und zweite Spannungsfolge – blau und orange – berücksichtigen die Stromgrenze – rot gestrichelt – und die dritte Spannungsfolge – gelb – nicht. Der resultierende Stromfluss in Richtung des Wechselrichters bzw. in den Zwischenkreis ist in Abbildung 5.6b dargestellt. Dabei wird deutlich, dass, wenn der Statorstrom nicht ausreichend vergrößert werden kann, der DC-Strom in den Zwischenkreis zurückfließt. Dies führt zu einem negativen Stromfluss.

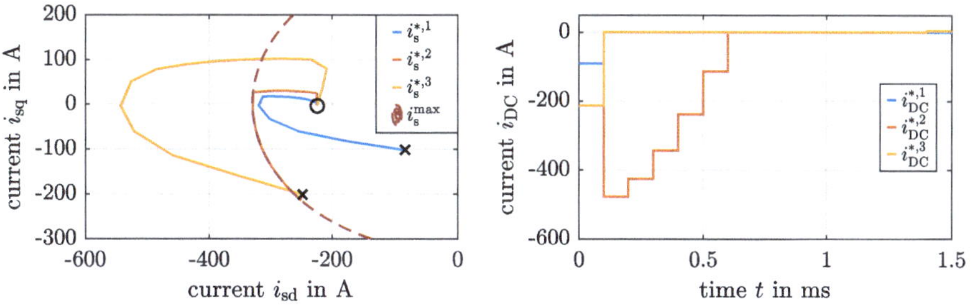

***(a)** Statorstrom* ***(b)** Zwischenkreisstrom*

Abbildung 5.6: Simulation der optimalen Steuerung – Einfluss der Stromgrenze auf das energieoptimale OSP bei 4000 rpm mit −142 Nm u. −330 Nm

5.1.3 Stromprädiktion zum sicheren Abschalten

Die Simulation wird beispielhaft in einem kritischen Arbeitspunkt durchgeführt. Der Antrieb befindet sich im generatorischen Betrieb nahe der maximalen Drehzahl des Grunddrehzahlbereichs, da in diesem Arbeitspunkt die Energie in Richtung des Zwischenkreiskondensator zurückgespeist wird und der maximale transiente AKS Strom auftritt. Der Arbeitspunkt der PSM beträgt 4000 rpm und −300 Nm. Das Verfahren STO wird sowohl mit eingeschalteter als auch mit ausgeschalteter Stromprädiktion simuliert.

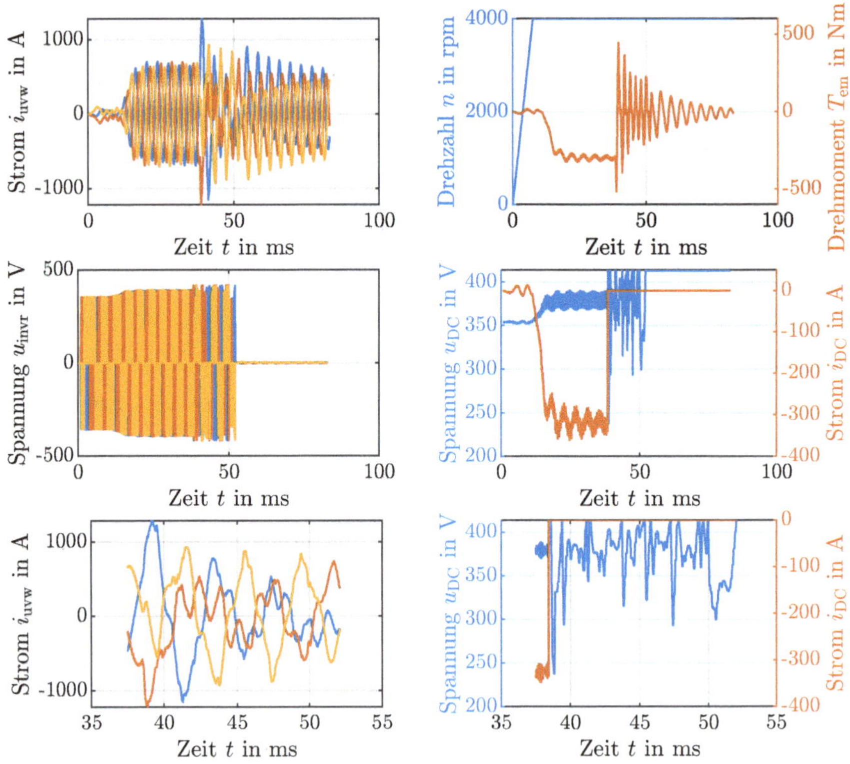

Abbildung 5.7: Simulation des sicheren Abschaltens bei 4000 rpm u. −300 Nm ohne Prädiktion

Abbildung 5.7 zeigt die Simulation des Lastabwurfs ohne Prädiktion vom kritischen Arbeitspunkt bei 4000 rpm und −300 Nm. Zu Beginn befindet sich die PSM im eingeschwungenen Zustand und nach ca. 37 ms wird das Batterieschütz geöffnet und das STO-Verfahren regelt die Zwischenkreisspannung während der Überführung in den sicheren Zustand unterhalb des maximal zulässigen Wertes von 420 V. Nach 53 ms wird der sichere Zustand, hier der AKS, hergestellt, erkennbar dadurch, dass der Wechselrichter nicht mehr taktet sowie Strom und Spannung die charakteristische gedämpfte Schwingung aufweisen. Der zeitliche Verlauf des Statorstroms und der Zwischenkreisspannung wird in der untersten Reihe der Abbildung während der Überführung in den sicheren Zustand mittels des STO-Verfahrens vergrößert dargestellt.

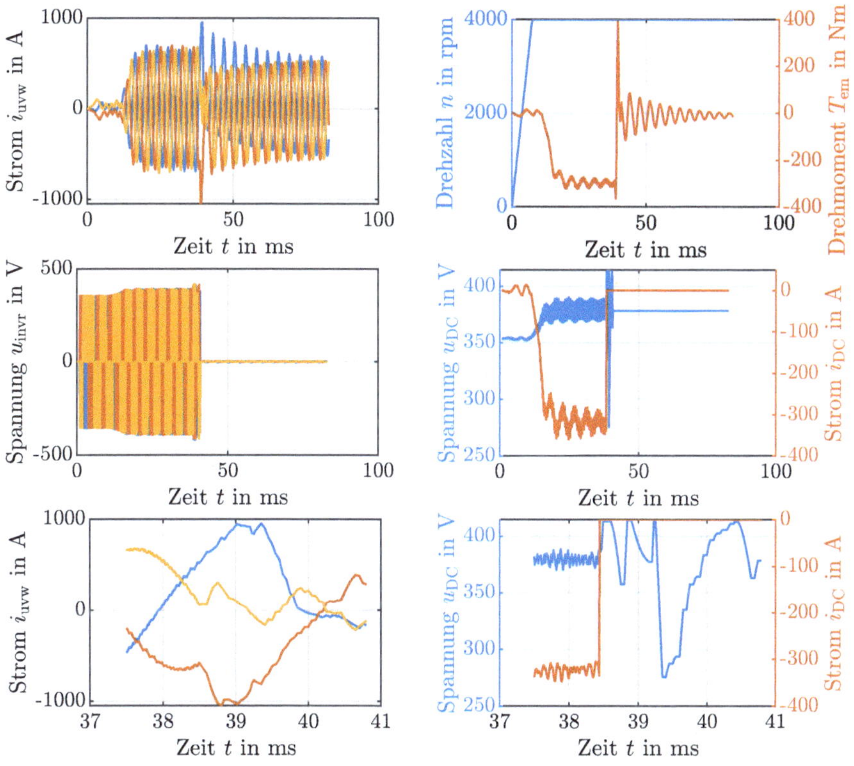

Abbildung 5.8: Simulation des sicheren Abschaltens bei 4000 rpm u. −300 Nm mit Prädiktion

Dieselben Simulationseinstellungen werden wiederholt, jedoch wird nun die entwickelte Stromprädiktion aktiviert, siehe Abbildung 5.8. Der Lastabwurf erfolgt ebenfalls nach 37 ms, jedoch ist die Überführung in den sicheren Zustand nach ca. 40,8 ms abgeschlossen. Daher ist die zeitliche Dauer der vergrößerten Darstellung in der untersten Reihe deutlich kürzer. Zusätzlich ist der Stromüberschwinger als auch der Drehmomentüberschwinger geringer und der sichere Zustand wird schneller hergestellt.

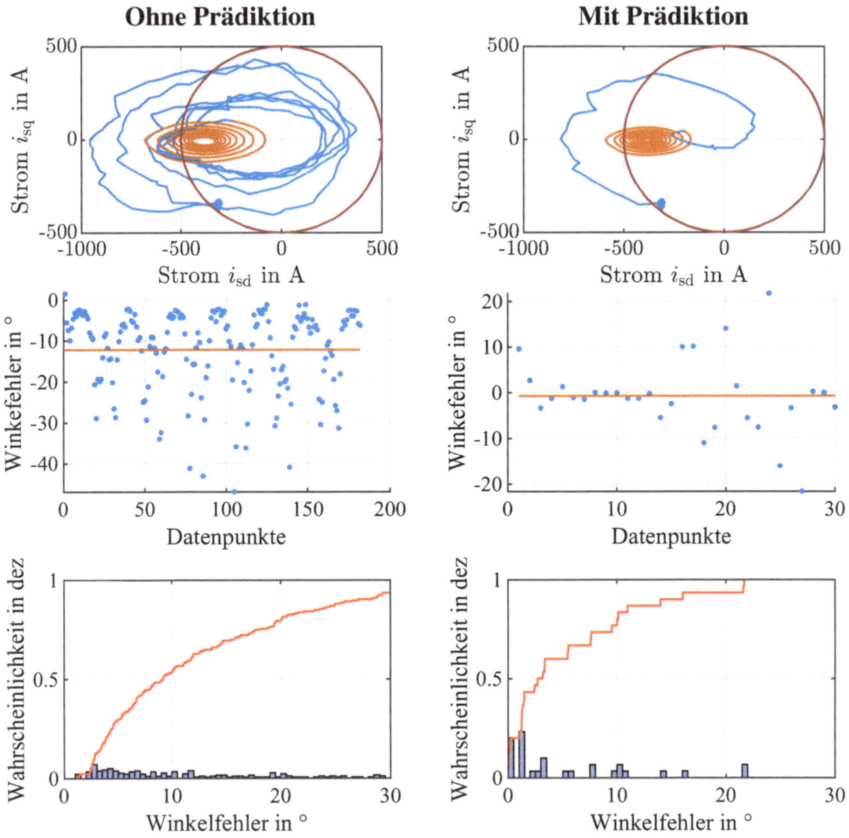

Abbildung 5.9: Simulation des sicheren Abschaltens bei 4000 rpm u. −300 Nm – Vergleich der Stromtrajektorien, des Winkelfehler und der Fehlerwahrscheinlichkeit

Abschließend werden die Simulationen mit und ohne Prädiktion in Abbildung 5.9 gegenübergestellt. Dazu werden während der Überführung in den sicheren Zustand die Ströme in der dq-Stromebene sowie der Winkelfehler und die Wahrscheinlichkeitsverteilung des Winkelfehlers dargestellt. In der dq-Stromebene ist in blau die Stromtrajektorie während der Überführung dargstellt. Der Startarbeitspunkt liegt auf der dunkelroten Stromgrenze bei $\vec{i}_{\mathrm{s}}^{\mathrm{dq}} = (-334\,\mathrm{A}, -371\,\mathrm{A})^t$. In orange ist der Stromverlauf durch den AKS dargestellt. Durch die Prädiktion werden der maximale Stromüberschwinger minimiert und gleichzeitig die maximale Zwischenkreisspannung berücksichtigt. Der Mittelwert des Winkelfehlers – in der zweiten Reihe – ist als rote Linie dargestellt und beträgt ohne Prädiktion $-13°$ und mit Prädiktion $-2°$.

5.2 Experimentelle Ergebnisse

Die durchgeführten Messungen validieren die entwickelten Methoden für einen modellprädiktiven Arbeitspunktwechsel. Die optimale Steuerung wird zur Überführung in den sicheren Zustand genutzt und es wird die Wirksamkeit der betragsoptimalen als auch der energieoptimalen Steuerung nachgewiesen. Zum sicheren Abschalten beim Lastabwurf der Traktionsbatterie wird die Stromprädiktion im Seriensteuergerät implementiert und mit dem STO-Verfahren kombiniert angewendet.

5.2.1 Aufbau des Prüfstands

Der Prüfstand umfasst den elektrischen Antrieb, bestehend aus einer PSM, einem Wechselrichter und einem Steuergerät mit Seriensensorik. Zu den Prüfstandskomponenten gehören eine Lastmaschine, eine Batteriesimulation, ein Prüfstandsrechner mit Oszilloskop und zusätzlicher hochauflösender Sensorik zur Zustandsüberwachung und Validierung, siehe Abbildung 5.10.

Die PSM, also der Prüfling, ist mit einem Wechselrichter gekoppelt, der für die Spannungsversorgung der Maschinenklemmen zuständig ist. Der Inverter regelt die Phasenströme ein und ist mit einem Seriensteuergerät bzw. Mikrocontroller verbunden. Alternativ kann auch eine dSpace Autobox als Steuergerät verwendet werden. Auf dem Steuergerät sind verschiedene Regelungsverfahren, einschließlich der feldorientierten Regelung und der neu entwickelten modellprädiktiven Verfahren, implementiert. Zur Regelung werden Seriensensoren für die Phasenströme, die Zwischenkreisspannung sowie die Drehzahl verwendet.

Da das Steuergerät nur Signale mit einer Abtastrate von 100 µs erfassen kann und Seriensensoren aus Wirtschaftlichkeitsgründen nicht auf die höchste Genauigkeit ausgelegt sind, werden die Phasenströme und die Zwischenkreisspannung zusätzlich mit hochauflösenden Messzangen und einem Oszilloskop mit einer Abtastrate von 10 ns erfasst, sodass erst eine detaillierte Analyse und Validierung der entwickelten Methode möglich ist.

Der Prüfstandsrechner stellt die Zwischenkreisspannung über die Batteriesimulation sowie die Drehzahl der Lastmaschine ein. Außerdem kann der Prüfstandsrechner die Schütze zur Batteriesimulation öffnen und schließen. Dies ist notwendig, um Überspannungen bei einem Lastabwurf der Batterie untersuchen zu können. Zusätzlich überwacht er den Zustand des gesamten Antriebsprüfstands sowie das Temperaturverhalten, um den Prüfstand sicher betreiben zu können. Zuletzt ermöglicht der Prüfstandsrechner die Bedienung der Software auf dem Steuergerät, indem er mittels der Software INCA die Applikationsparameter einstellt.

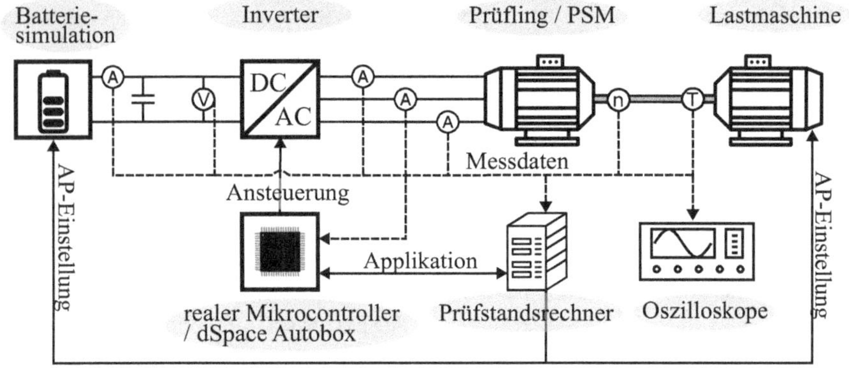

Abbildung 5.10: Aufbau des Prüfstands

5.2.2 Optimale Steuerung zur Überführung in den sicheren Zustand

Die optimalen Spannungsfolgen des offline gelösten OSP werden am Prüfstand mittels einer dSpace Autobox getestet. Die optimalen Spannungsfolgen werden in einer Tabelle auf dem dSpace System gespeichert. Vor Ausführung der Spannungsfolge befindet sich die PSM in einem stationären generatorischen Betriebspunkt; nach

Ausführung der Spannungsfolge wird die PSM dreiphasig kurzgeschlossen, um den sicheren Zustand herzustellen. Die gemessenen Signale werden mit der dSpace Autobox im PWM-Raster mit 100 μs abgetastet und aufgezeichnet. In Tabelle 5.1 sind die verwendeten Parameter des PSM-Modells zur Bestimmung der optimalen Spannungsfolge gelistet.

Tabelle 5.1: Lineare Maschinenparameter des OSP

u_s^{max}in V	i_s^{max}in A	$R_s$in mΩ	$L_d$in µH	L_qµH	$\psi_f$in mV s/A
226	330	2.87	231	787	6.84

Der Startpunkt der betragsoptimalen und der energieoptimalen Spannungsfolge liegt bei 4000 rpm, −142 Nm und 640 V Zwischenkreisspannung, siehe Abbildung 5.11 und 5.12. Alle Messungen werden exemplarisch im Generatorbetrieb durchgeführt, damit auch der energieoptimale AP-Wechsel zum Schutz des Zwischenkreiskondensators getestet und validiert werden kann. Das Batterieschütz wird bei den Messungen aus Sicherheitsgründen nicht geöffnet. Stattdessen wird zur Bewertung des Energieflusses zwischen PSM und Zwischenkreis der Strom i_{DC} ermittelt. Die Vorzeichenkonvention lautet hier: ein positiver i_{DC} Wert fließt in Richtung der PSM, ein negativer fließt in Richtung des Zwischenkreiskondensators. Im Falle eines offenen Batterieschützes fließt der gesamte Strom i_{DC} in den Zwischenkreiskondensator. Der betragsoptimale AP-Wechsel wird durch das betragsoptimale OSP beschrieben, der energieoptimaler AP-Wechsel durch das energieoptimale OSP.

Betragsoptimaler Arbeitspunktwechsel

Vom stationären Stromarbeitspunkt $i_{sd} = -102$ A und $i_{sq} = -82$ A wird die betragsoptimale Spannungsfolge aufgeführt, siehe Abbildung 5.11a. Die ausgeführte optimale Spannungsfolge wandert gegen den Uhrzeigersinn entlang der Spannungsgrenze, wobei der erste ausgeführte Spannungszeiger $u_{sd} = -91$ V und $u_{sq} = 207$ V beträgt und der letzte Spannungszeiger gleich Null ist. Da die Stromtrajektorie aufgrund der Modellungenauigkeiten des realen Antriebs den Endpunkt nicht genau trifft, schwingt der Strom in den Endpunkt hinein. Der zeitliche Verlauf ist in Abbildung 5.11b dargestellt und die PSM wird mit sechs optimierten Spannungen zum Endpunkt gesteuert; also dauert die Ausführung des Arbeitspunktwechsels 600 μs. Der resultierende Stromfluss zwischen Wechselrichter und Zwischenkreis ist während des AP-Wechsels negativ, also fließt der Strom zurück in den Zwischenkreiskondensator, siehe Abbildung 5.11c.

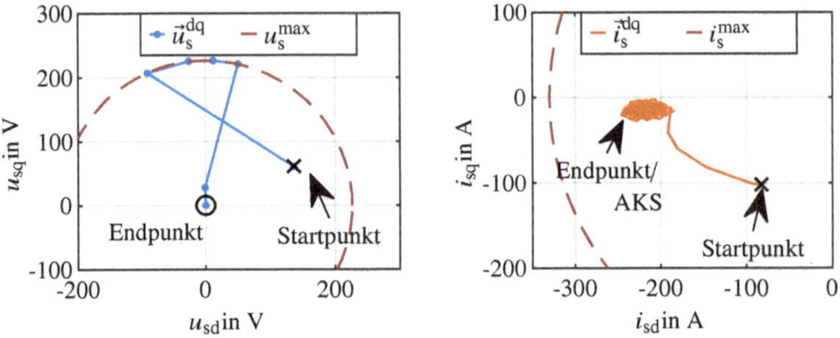

(a) optimale Spannungsfolge und gemessener Strom in der dq-Ebene

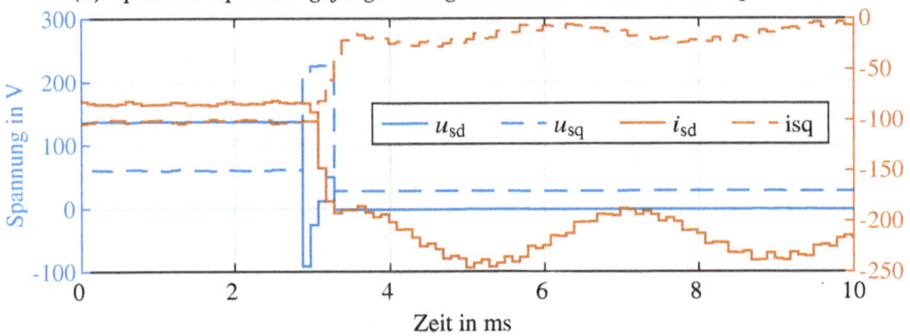

(b) zeitlicher Verlauf der optimalen Spannungsfolge und des Stroms

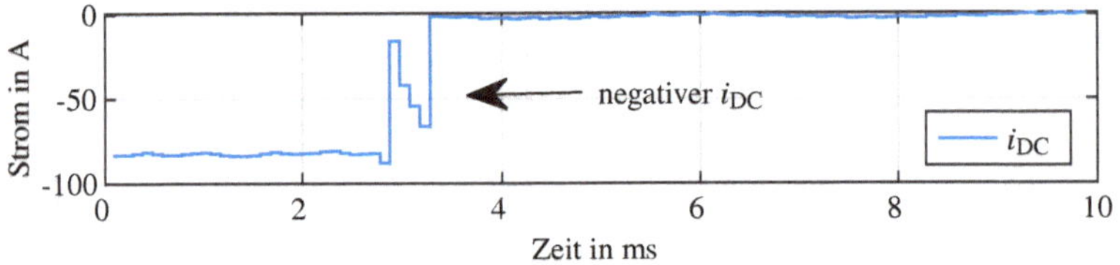

(c) zeitlicher Verlauf des Zwischenkreisstroms

Abbildung 5.11: Messung der betragsoptimalen Steuerung bei 4000 rpm u. −142 Nm

Energieoptimaler Arbeitspunktwechsel

Derselbe generatorische Betriebspunkt, wie zuvor, wird für den energieoptimalen AP-Wechsel eingestellt, siehe Abbildung 5.12.

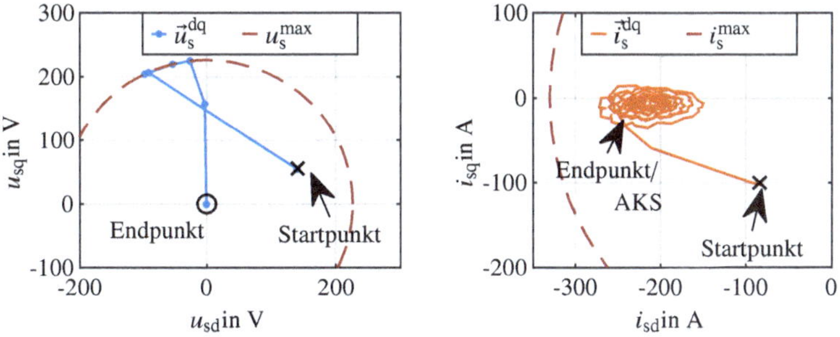

(a) optimale Spannungsfolge und gemessener Strom in der dq-Ebene

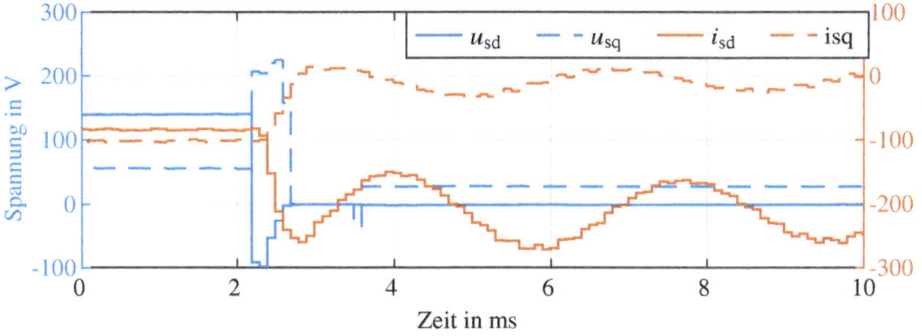

(b) zeitlicher Verlauf der optimalen Spannungsfolge und des Stroms

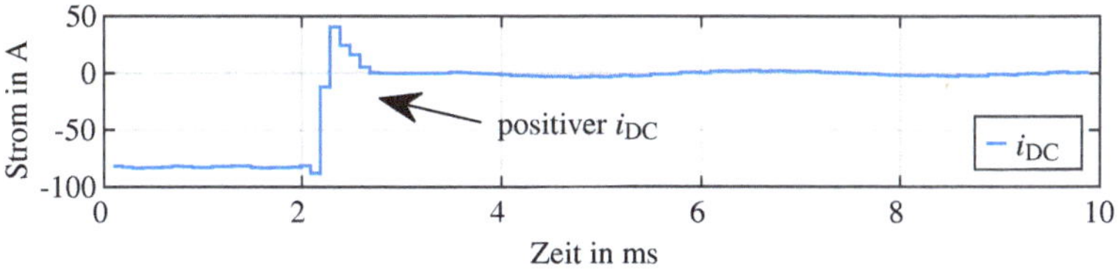

(c) zeitlicher Verlauf des Zwischenkreisstroms

Abbildung 5.12: Messung der energieoptimalen Steuerung bei 4000 rpm u. −142 Nm

Beim Vergleich der beiden optimalen Spannungsfolgen fällt auf, dass die energieoptimale Spannungsfolge auch entlang der Spannungsgrenze verläuft, jedoch ist u_{sd} immer negativ, um den Energiefluss in den Zwischenkreiskondensator zu minimieren. Der erste gestellte Spannungszeiger beträgt $u_{sd} = -91$ V und $u_{sq} = 207$ V, woraus ein identischer Zwischenkreisstromfluss in den ersten 100 µs resultiert. Die Stromtrajektorie, siehe Abbildung 5.12a, zeigt eine größere Stromamplitude. Nach 2,2 ms wird die optimale Spannungsfolge mit 16 Spannungszeigers ausgeführt und die Ausführung dauert insgesamt 1,6 ms, siehe Abbildung 5.12b. Das Ziel des energieoptimalen AP-Wechsels ist den Zwischenkreiskondensator zu schützen, indem keine Energie bzw. Strom im Generatorbetrieb zurückgespeist wird. In Abbildung 5.12c wird deutlich, dass i_{DC} positiv oder Null ist. Dadurch fließt keine Energie während der Überführung in den sicheren Zustand in den Zwischenkreiskondensator. Dies ist der entscheidende Unterschied zum betragsoptimalen AP-Wechsel.

Untersuchung des transienten Stromüberschwingers

In Abbildung 5.13 wird der AKS bei 4000 rpm, −142 Nm und 640 V ausgeführt, und mit den Stromtrajektorien der beiden optimalen Spannungsfolgen verglichen.

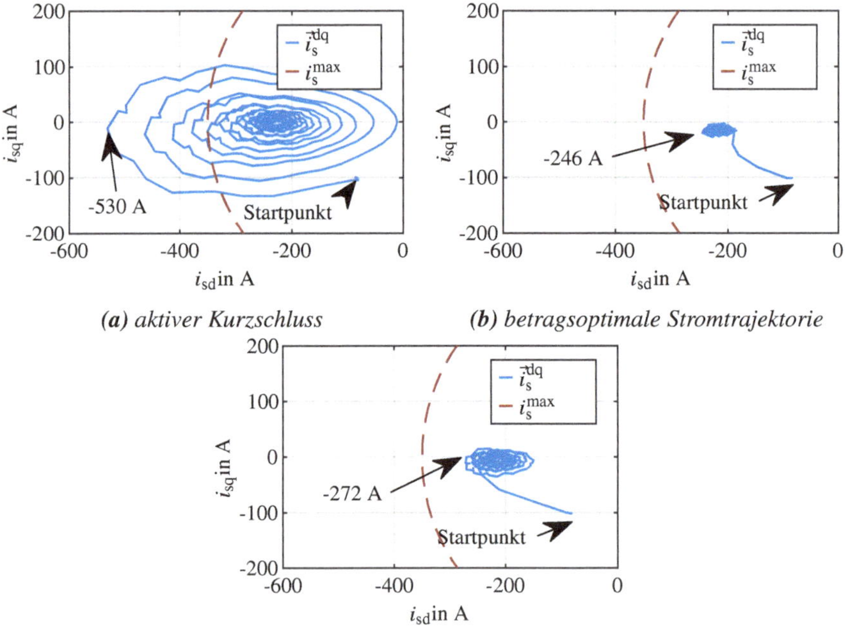

(a) aktiver Kurzschluss

(b) betragsoptimale Stromtrajektorie

(c) energieoptimale Stromtrajektorie

Abbildung 5.13: Messung – Vergleich der Methoden zur Herstellung des sicheren Zustands anhand des Statorstroms

Beide optimale AP-Wechsel verringern den transienten Stromüberschwinger. Durch den AKS, wie Abbildung 5.13a dargestellt, beträgt der transiente Stromüberschwinger −530 A und überschreitet die maximale Stromgrenze. Der betragsoptimale

AP-Wechsel weist einen kleineren maximalen Strom von −246 A auf, siehe Abbildung 5.13b, während der energieoptimale AP-Wechsel einen maximalen Strom von −272 A erreicht, siehe Abbildung 5.13c. Der energieoptimale AP-Wechsel hat einen etwas größeren Strompeak, da die optimale Spannungsfolge zusätzlich die Richtungs des Energieflusses zum Schutz des Zwischenkreises umkehrt.

Vorteile der optimalen AP-Wechsel sind, dass in der Maschinenauslegung ein geringerer transienter Stromüberschwinger berücksichtigt werden kann, um die Gesamtkosten der PSM zu verringern [100], denn die Kombination aus Rotortemperatur und maximalem Stromüberschwinger in der d-Achse bestimmen die Entmagnetisierungsgrenze der PSM [101].

Zusammenfassung

Die optimale Steuerung mittels abgespeicherter optimaler Spannungsfolge ermöglicht eine Überführung in den sicheren Zustand. Messungen zeigen, dass der Stromüberschwinger sowohl mit der betragsoptimalen als auch mit der energieoptimalen Spannungsfolge minimiert wird. Dies erlaubt eine kostengünstigere Auslegung der PSM und verringert die Belastung der Komponenten, um die Lebensdauer zu verlängern.

Falls der Zwischenkreiskondensator nicht berücksichtigt werden muss, kann die kürzere, betragsoptimale Spannungsfolge verwendet werden, welche weniger Rechenaufwand erfordert. Die Berücksichtigung des Energieflusses erfolgt mit der energieoptimale Spannungsfolge, sodass, falls physikalisch möglich, keine Energie in den Zwischenkreiskondensator fließt. Messungen zeigen jedoch einen positiven Zwischenkreisstrom i_{DC}. Die Verwendung eines linearisierten Maschinenmodells der PSM führt dazu, dass der AKS-Betriebspunkt nicht exakt erreicht wird und Schwingungen um den Zielstromarbeitspunkt verursacht werden. Diese Schwingungen sind bei einer Steuerung wegen Modellungenauigkeiten zu erwarten.

Am Beispiel zur Überführung in den sicheren Zustand sind Schwingungen um den gesteuerten Stromarbeitspunkt akzeptabel, da es wichtiger ist, die Strom- und Spannungsgrenzen einzuhalten und damit die Komponenten zu schützen. Zudem muss die Überführung in den sicheren Zustand schnell erfolgen; beide AP-Wechsel sind innerhalb von 600 µs bzw. 1600 µs abgeschlossen, wodurch anschließend der sichere Zustand mit einem AKS hergestellt werden kann.

5.2.3 Stromprädiktion zum sicheren Abschalten

Im Experiment soll ein messbarer Vorteil der Stromprädiktion aufgezeigt werden. Dafür werden der Statorstrom und die Zwischenkreisspannung während STO mit und ohne Stromprädiktion verglichen. Die untersuchten Arbeitspunkte liegen bei 5000 rpm und 8000 rpm bei dem maximal möglichen Drehmoment von −300 Nm bzw. −190 Nm im generatorischen Betrieb. Die Stromprädiktion wird in jedem AP ein- und ausgeschaltet. Da STO kein deterministisches Verfahren ist und bei jeder Messung ein anderes Verhalten zu erwarten ist, werden zehn Messungen im gleichen Arbeitspunkt wiederholt. Insgesamt werden 40 Messungen mit Oszilloskop und INCA aufgezeichnet.

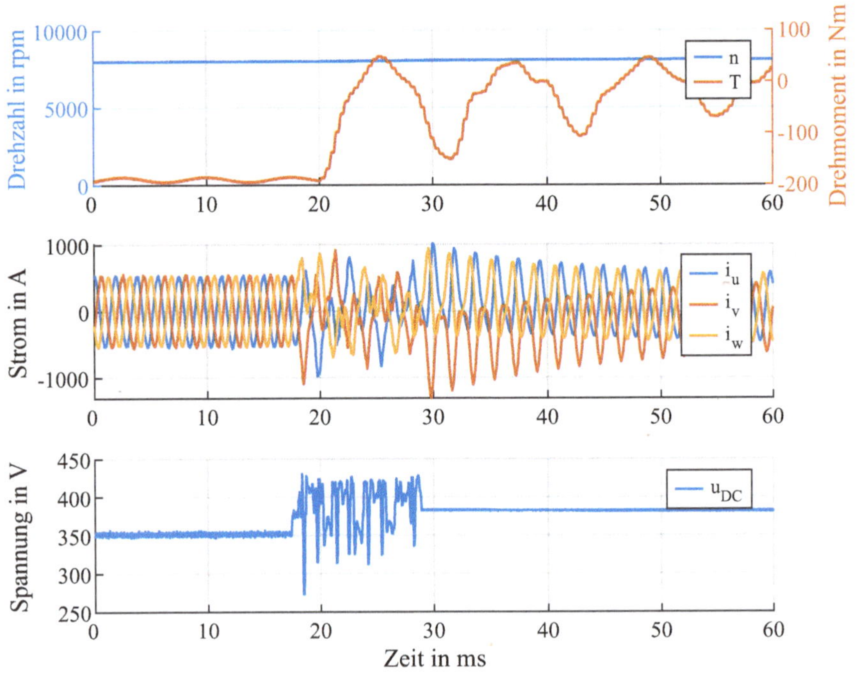

Abbildung 5.14: Messung des sicheren Abschaltens mit aktiver Stromprädiktion bei 8000 rpm u. −190 Nm

Am Prüfstand werden die konstante Drehzahl, das generatorische Drehmoment und die Zwischenkreisspannung eingestellt. Zu einem beliebigen Zeitpunkt erfolgt der Lastabwurf, d.h. die Batterie wird vom Antrieb getrennt, wodurch die Zwischenkreisspannung ansteigt und STO ab der definierten Spannungsschwelle von 420 V eingreift. Die Herstellung des sicheren Zustands, hier AKS, erfolgt, sobald STO beendet ist. Die Abbruchbedingung des Zweipunktreglers ist erfüllt, wenn die Amplitude des Statorstroms kleiner als 50 A ist oder wenn die zulässige Zeit von STO, $t^{sto} = 26\,\mathrm{ms}$, überschritten wird. Eine durchgeführte Messung ist in Abbildung 5.14 gezeigt. Zu Beginn der Messung beträgt $u_{DC} = 350\,\mathrm{V}$. Durch den Lastabwurf steigt u_{DC} an und nach ca. 18 ms wird STO aktiviert. Nach ca. 28 ms ist die Abbruchbedingung erfüllt und der sichere Zustand wird hergestellt. Der AKS verursacht eine konstante Zwischenkreisspannung sowie einen transienten Kurzschlussstrom in der PSM.

Bewertungsmethodik

Die Bewertung, ob der richtige Spannungszeiger während STO eingestellt wird, erfolgt durch Vergleich der Zwischenkreisspannung u_{DC} mit dem ausgewählten Zustand des Steuergeräts, welcher CV, DV oder AKS ist. Der Zustand DV stellt einen Entladespannungszeiger ein und u_{DC} fällt. Der Zustand CV stellt einen Ladespannungszeiger ein und u_{DC} steigt. Der Zustand AKS bedeutet aktiver Kurzschluss und u_{DC} bleibt konstant. Damit die Signale vergleichbar sind, werden diese gefiltert und mittels Autokorrelation synchronisiert. Zur Detektion von falsch gestellten Spannungszeigern wird die Änderung der Zwischenkreisspannung berechnet und das Zustandssignal mittels Faltung verkleinert, sodass nur der mittlere Bereich der Spannungsänderung ausgewertet wird, siehe Abbildung 5.15.

Besonders kritisch sind falsche Entladespannungszeiger, also solche mit positiver Steigung, da diese die Spannungsschwelle übersteigen und den Kondensator zerstören können. Falsch ausgewählte Entladespannungszeiger (DV) sind mit einem roten Kreuz markiert und das grüne Kreuz markiert den Spannungswert bevor ein Entladezeiger ausgewählt wird. Dieses Prinzip wird bei der Bewertung für alle 40 Messungen angewendet.

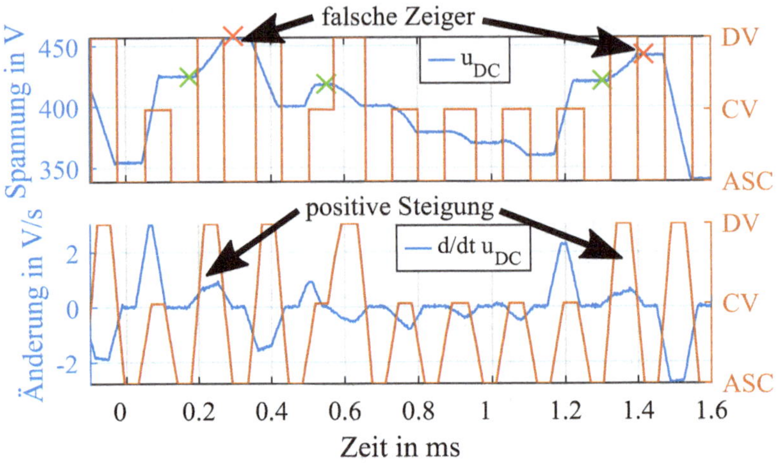

Abbildung 5.15: Messung des sicheren Abschaltens – Bewertung der Entladezeiger

Untersuchung mit eingeschalteter und ausgeschalteter Prädiktion

Abbildung 5.16 zeigt den Verlauf der Zwischenkreisspannung im Arbeitspunkt bei 8000 rpm und −190 Nm. Die Stromprädiktion wird ein- und ausgeschaltet. Bei eingeschalteter Prädiktion werden die 3te von 10 Messungen und bei ausgeschalteter Prädiktion die 7te von 10 Messungen betrachtet. Zur Visualisierung sind die Überspannungen durch falsche Entladezeiger mit einem roten Kreuz markiert. Ein grünes Kreuz markiert die Spannungen bevor der Entladezeiger ausgewählt wird. Der Zustand des Steuergeräts ist jeweils auf der rechten y-Achse dargestellt. Bei eingeschalteter Prädiktion treten zwei fehlerhafte Entladezeiger auf, jedoch befindet sich die Spannung trotz Fehlers im Bereich der maximal zulässigen Spannung von 425 V, siehe Abbildung 5.16b. Bei ausgeschalteter Prädiktion treten zwölf falsche Entladezeiger auf, und dreimal steigt die Zwischenkreisspannung auf über 450 V an, siehe 5.16a.

In Abbildung 5.17 wird im selben Arbeitspunkt der maximale Statorstrom bei 8000 rpm und −190 Nm verglichen. Der maximale Statorstrom ist die Stromamplitude des dreiphasigen Stroms. Bei ausgeschalteter Prädiktion beträgt der maximale Strom während STO 924 A und nach STO beim AKS 1037 A, siehe Abbildung 5.17a. Bei eingeschalteter Prädiktion beträgt der maximale Strom während STO 1101 A und nach STO beim AKS 1310 A, siehe Abbildung 5.17b.

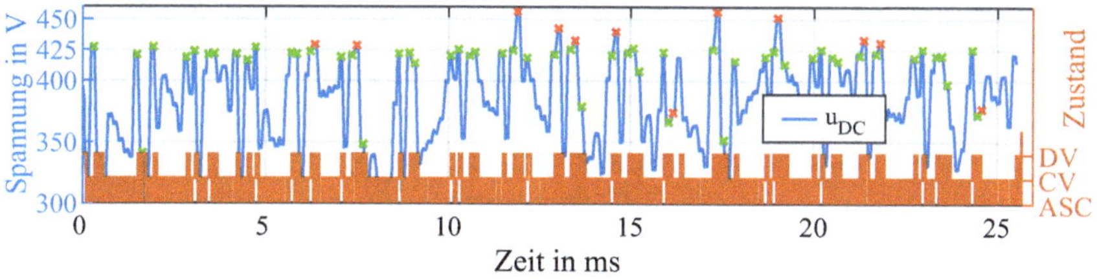

(a) Stromprädiktion ausgeschaltet (7. Messung)

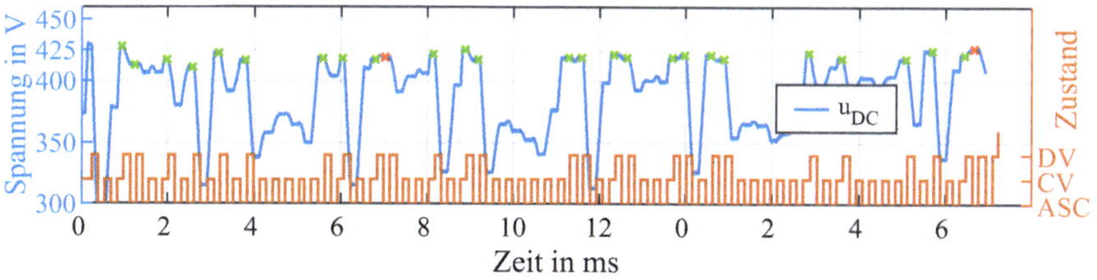

(b) Stromprädiktion eingeschaltet (3. Messung)

Abbildung 5.16: Messung des sicheren Abschaltens bei 8000 rpm u. −190 Nm – Vergleich der Zwischenkreisspannung

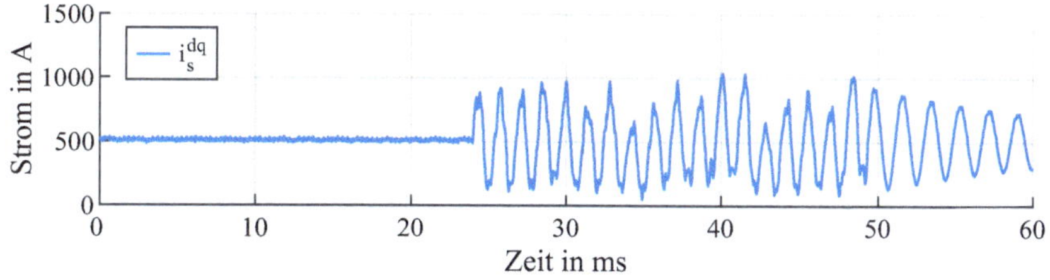

(a) Stromprädiktion ausgeschaltet, (7. Messung)

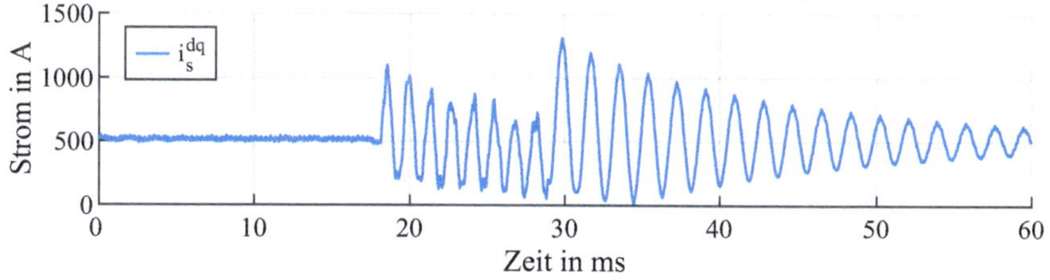

(b) Stromprädiktion eingeschaltet (3. Messung)

Abbildung 5.17: Messung des sicheren Abschaltens bei 8000 rpm u. −190 Nm – Vergleich der Stromamplituden

Der Vergleich der Zwischenkreisspannung und der Statorspannung beweist, dass die Stromprädiktion die Dauer von STO reduziert und die Anzahl an fehlerhaften Entladezeigern signifikant reduziert wird. Durch eine kürzere Dauer von STO wird der sichere Zustand schneller erreicht und die Robustheit des Verfahrens wird erhöht, da die Wahrscheinlichkeit falsche Entladezeiger zu stellen sinkt und das Risiko den Kondensator zu zerstören reduziert wird.

Statistische Auswertung

Um eine statistische Aussage zu treffen, werden im Arbeitspunkt jeweils zehn Messungen mit eingeschalteter und ausgeschalteter Stromprädiktion betrachtet. Die Bewertung der Messungen erfolgt wie bereits zuvor beschrieben. In jeder Messung werden folgende Bewertungsgrößen erfasst:

- N_{dv}, die Anzahl der Entladezeiger,
- $N_{\mathrm{dv}}^{\mathrm{err}}$, die Anzahl der falschen Entladezeiger,
- $N_{\mathrm{dv}}^{\mathrm{err}} \mathrm{in} \%$, der prozentuale Anteil der falschen Entladezeiger,
- $u_{\mathrm{DC}}^{\mathrm{max}}$, die maximale Zwischenkreisspannung während STO,
- $i_{\mathrm{s}}^{\mathrm{max}}$, die Amplitude des maximalen Statorstroms während STO,
- t^{sto}, die Zeit bis STO in den sicheren Zustand überführt wird

Anschließend wird der Mittelwert und der Median zu jeder Größe über 10 Messungen gebildet. Die Auswertung aller Messungen ist in Tabelle 5.2, Tabelle 5.3, Tabelle 5.4 und Tabelle 5.5 aufgelistet.

Tabelle 5.2: Messauswertung – Sicheres Abschalten ohne Stromprädiktion bei 8000 rpm u. −190 Nm

Messung	N_{dv}	N_{dv}^{err}	N_{dv}^{err} in %	u_{DC}^{max} in V	i_s^{max} in A	t^{sto}in ms
1	72	14	19,4	462	1019	25,89
2	71	12	16,9	456	1018	25,97
3	74	19	25,7	459	1080	25,92
4	74	14	18,9	456	911	26,21
5	37	6	16,2	450	1081	14,06
6	26	7	26,9	463	1203	9,64
7	69	12	17,4	456	1037	25,67
8	68	11	16,2	447	1110	26,16
9	69	11	15,9	450	1063	25,98
10	39	7	17,9	452	945	13,69
Mittelwert	59,9	11,3	19,14	456	1046	21,92
Median	69	11,5	17,65	456	1098	25,91

Tabelle 5.3: Messauswertung – Sicheres Abschalten mit Stromprädiktion bei 8000 rpm u. −190 Nm

Messung	N_{dv}	N_{dv}^{err}	N_{dv}^{err} in %	u_{DC}^{max} in V	i_s^{max} in A	t^{sto}in ms
1	76	10	13,2	442	1052	26,37
2	3	0	0,0	-	831	0,97
3	29	2	6,9	426	1101	10,61
4	44	4	9,1	442	938	15,93
5	10	1	10,0	432	915	4,01
6	19	2	10,0	454	1025	6,79
7	25	5	20,0	447	972	8,05
8	56	6	10,0	430	1059	21,87
9	25	3	12,0	441	949	9,54
10	7	1	14,0	430	898	2,35
Mittelwert	29,4	3,4	10,67	439	974	10,65
Median	25	2,5	10,6	441	961	8,8

Tabelle 5.4: Messauswertung – Sicheres Abschalten ohne Stromprädiktion bei 5000 rpm u. −300 Nm

Messung	N_{dv}	$N_{\mathrm{dv}}^{\mathrm{err}}$	$N_{\mathrm{dv}}^{\mathrm{err}}$ in %	$u_{\mathrm{DC}}^{\mathrm{max}}$ in V	$i_{\mathrm{s}}^{\mathrm{max}}$ in A	t^{sto}in ms
1	31	3	9,7	436	1055	11,73
2	64	4	6,3	430	1156	26,43
3	74	8	10,8	430	1120	26,5
4	68	9	13,2	433	1187	26,36
5	40	2	5	436	1169	15,94
6	36	6	16,7	433	1217	13,92
7	46	6	13	435	1081	18,94
8	42	1	2,4	429	1149	15,86
9	38	4	10,5	426	1075	15,02
10	51	9	17,6	443	1160	18,64
Mittelwert	49	5,2	10,52	433	1137	18,93
Median	44	5	10,65	433	1152	17,29

Tabelle 5.5: Messauswertung – Sicheres Abschalten mit Stromprädiktion bei 5000 rpm u. −300 Nm

Messung	N_{dv}	$N_{\mathrm{dv}}^{\mathrm{err}}$	$N_{\mathrm{dv}}^{\mathrm{err}}$ in %	$u_{\mathrm{DC}}^{\mathrm{max}}$ in V	$i_{\mathrm{s}}^{\mathrm{max}}$ in A	t^{sto}in ms
1	25	0	0	-	1135	10,01
2	43	2	4,7	430	1205	15,78
3	26	0	0	-	1339	10,47
4	18	0	0	-	1172	9,03
5	48	3	6,3	431	1074	20,52
6	34	1	2,9	413	1203	13,98
7	73	6	8,2	432	1277	26,89
8	24	3	12,5	429	1123	10,32
9	71	6	8,5	427	1088	26,65
10	47	1	2,1	424	1192	19,92
Mittelwert	40,9	2,2	4,52	427	1181	16,35
Median	38,5	1,5	3,8	429	1182	14,88

Zusammenfassung

Zunächst spiegelt sich das nicht-deterministische Verhalten der STO Methode in den abweichenden Zahlenwerten jeder Messung wieder. Jedoch zeigen der Mittelwert und der Median auf, dass das Einschalten der Stromprädiktion die Robustheit von STO verbessert. Die wesentlichen Verbesserungen der Stromprädiktion lauten:

- bei 8000 rpm und −190 Nm
  - verringert sich die Anzahl der falschen Entladezeiger $N_{\text{dv}}^{\text{err}}$ von 11,3 auf 3,4,
  - verringert sich die Anzahl der falschen Entladezeiger $N_{\text{dv}}^{\text{err}}$ von 19,14 % auf 10,67 %,
  - verringert sich die Dauer von STO t^{sto}von 21,92 ms auf 10,65 ms,
  - verringert sich die maximale Spannung u_{DC}von 456 V auf 439 V.
- bei 5000 rpm und −300 Nm
  - verringert sich die Anzahl der falschen Entladezeiger $N_{\text{dv}}^{\text{err}}$ von 5,2 auf 2,2
  - verringert sich die Anzahl der falschen Entladezeiger $N_{\text{dv}}^{\text{err}}$ von 10,52 % auf 4,52 %,
  - verringert sich die Dauer von STO t^{sto}von 18,93 ms auf 16,35 ms,
  - verringert sich die maximale Spannung u_{DC} von 433 V auf 427 V.

Hervorzuheben ist, dass die Stromprädiktion auch bei 5000 rpm eine Verbesserung erzielt. Bei viel kleineren Drehzahlen ist zu erwarten, dass die Stromprädiktion weder Vorteile noch Nachteile erzielt, da bei kleineren Drehzahlen der Stromzeiger während einer PWM-Periode t^{pwm}sich nicht wesentlich ändert. Darüber hinaus wird die Stromprädiktion mit einem genäherten PSM-Modell durchgeführt, d.h. die FEM-Maschinenparameter waren nur im zweiten Quadranten der dq-Koordinaten bekannt. Die Zahlenwerte aus dem zweiten Quadranten werden in den dritten Quadranten gespiegelt. Für den ersten und vierten Quadranten wird der letzte bekannte Zahlenwert verwendet.

Daraus resultiert ein Prädiktionsfehler im ersten und vierten Quadranten. Falls die FEM-Daten für alle Quadranten bekannt sind, wird die Qualität der Stromprädiktion weiter verbessert und die Anzahl der fehlerhaften Entladespannungszeiger wird weiter reduziert.

6 Zusammenfassung

Die vorliegende Arbeit, optimale Regelung eines elektrischen Traktionsantriebs am Beispiel des sicheren Zustands, entwickelt modellprädiktive Regelverfahren zur Herstellung des sicheren Zustands unter Einhaltung der Komponentenspezifikationen für ein Seriensteuergerät. Die zentrale Fragestellung ist der schnelle und sichere modellbasierte Arbeitspunktwechsel einer permanenterregten Synchronmaschine (PSM) zur Überführung in den sicheren Zustand, welcher entweder der AKS oder FW sind. Die Ziele sind, eine optimale Steuerung zu entwerfen, die Systemspezifikationen einzuhalten, den sicheren Zustand herzustellen und die Regelung im Seriensteuergerät anzuwenden.

Vorgestellte Methode

Die erste Methode ist die optimale Steuerung in einen beliebigen Zielarbeitspunkt. Dabei wird ein optimaler Arbeitspunktwechsel mithilfe eines Optimalsteuerungsproblems entworfen. Die Lösung des Optimalsteuerungsproblems liefert die optimale Spannungsfolge, um den Arbeitspunktwechsel auszuführen. Auf dem Steuergerät wird für ausgewählte Startarbeitspunkte die optimale Spannungsfolge als Tabelle abgespeichert und bei Bedarf aktiviert. Als Anwendung werden die sichere Überführung und anschließende Herstellung des sicheren Zustands untersucht. Insbesondere wird der Lastabwurf der Traktionsbatterie im Fehlerfall untersucht.

Die zweite Methode ist das stromprädiktive sichere Abschalten. Dabei wird das Strommodell der Optimalsteuerung mit dem Verfahren sicheres Abschalten aus der Literatur kombiniert, um eine robuste Anwendung auf einem Seriensteuergerät zu ermöglichen. Die Methode regelt die Zwischenkreisspannung bei Lastabwurf und aktiviert den AKS, sobald keine Gefahr eines transienten Überstroms besteht. Dazu wählt ein Zweipunktregler zwischen zwei aktiven Spannungszeigern zum Laden oder Entladen des Zwischenkreiskondensators. Die Prädiktion verhindert die Auswahl eines falschen Spannungszeigers des Zweipunktreglers, da der zukünftige Stromwert mit dem aktiven Spannungszeiger übereinstimmen muss.

P. Wagner, *Optimale Regelung eines elektrischen Traktionsantriebs am Beispiel des sicheren Zustands*, Wissenschaftliche Reihe Fahrzeugtechnik Universität Stuttgart, https://doi.org/10.1007/978-3-658-50183-9_6

Ergebnisse

Die optimale Steuerung zur Überführung des Antriebs in den sicheren Zustand erweist sich als effektiv, da sie den Stromüberschwinger im Vergleich zum direkten AKS erfolgreich minimiert und eine sichere Überführung innerhalb der Spezifikationen ermöglicht. Je nach Anforderung kann flexibel zwischen einer betragsoptimalen und einer energieoptimalen Spannungsfolge ausgewählt werden, ohne die Drehmomentregelung im Normalbetrieb zu beeinflussen. Zudem ermöglicht sie eine schnelle Überführung und damit die schnelle Herstellung des sicheren Zustands. Allerdings erreicht das linearisierte Maschinenmodell den AKS-Betriebspunkt nicht exakt, was zu Stromschwingungen führt. Jedoch sind diese Schwingungen akzeptabel, da die Komponenten geschützt sind. In anderen Anwendungen können diese Schwingungen ungewollt sein und müssen extra bewertet werden. Bei einem Lastabwurf verhindert die optimale Spannungsfolge ein Laden des Kondensators nach 100 µs. Dies erfolgt sogar im Transienten, obwohl der Antrieb im Generatorbetrieb ist. Die Zeitdauer von 100 µs wird durch das Steuergerät begrenzt, da dies die Abtastzeit ist, innerhalb der eine neue Statorspannung an der Maschine eingestellt werden kann. Für eine Reaktion schneller als 100 µs, müssten hardwarenahe Maßnahmen erfolgen.

Das stromprädiktive sichere Abschalten bei Lastabwurf überführt den Antrieb unter Einhaltung der maximal zulässigen Zwischenkreisspannung in den sicheren Zustand. Die Stromprädiktion erhöht die Robustheit der Methode und ermöglicht die Einhaltung der Spannungsgrenze, da weniger falsche Zeiger ausgewählt werden. Dies wird durch eine stochastisch-experimentelle Auswertung bestätigt. Ein Vorteil dieser Methode ist die sichere Einhaltung der Zwischenkreisspannung durch einen Zweipunktregler – vorausgesetzt der aktive Spannungszeiger wird korrekt gestellt. Ein Nachteil ist, dass die Stromgrenze nicht explizit berücksichtigt werden kann und die Zeit zur Herstellung des sicheren Zustands variabel ist.

Ausblick

Obwohl die Forschungsfrage, wie ein optimaler Arbeitspunktwechsel einer PSM am Beispiel des sicheren Zustands auf einem Seriensteuergerät realisiert werden kann, durch die beiden vorgestellten Methoden beantwortet werden konnte, haben sich neue Fragestellung und Möglichkeiten zur Verbesserung ergeben.

Zur vorgestellten Methode, optimale Steuerung in den sicheren Zustand, ergeben sich folgende weiterführende Punkte:

- Das Optimalsteuerungsproblem kann offline mit einem nicht linearen PSM-Modell berechnet werden. Dadurch kann der Stromüberschwinger bei Aktivierung des AKS weiter reduziert werden. Auf den ersten Blick scheint dies nicht für die Anwendung zur Überführung in den sicheren Zustand nötig zu sein. Jedoch kann daraus ein geringerer Speicherbedarf des Steuergeräts resultieren, denn bei der tabellenbasierten Ausführung können weniger Startarbeitspunkte abgespeichert werden, um ungefähr den gleichen Stromüberschwinger wie mit einem linearen PSMs-Modell zu erhalten.

- Lösungsmethoden des OSP können weiter untersucht werden, hinsichtlich der echtzeitfähigen Lösung im Steuergerät. Dazu müssen steuergerätespezifische Solvers für ein bestimmtes Seriensteuergerät entworfen und implementiert werden. Hierbei liegt der Fokus auf der Entwicklung eines Solvers, welcher für eine Problemstellung und ein Steuergerät optimiert wird. Anschließend kann die direkte mit der indirekten Methode auf dem Steuergerät verglichen werden. Durch ein onlinelösbares OSP kann die optimale Steuerung flexibler eingesetzt werden, um weitere Anwendungsfälle zu finden.

- Für den Sonderfall, Lastabwurf der Batterie, kann vor Aktivierung der optimalen Steuerung eine sehr schnelle hardwarenahe Reaktion ausgeführt werden. Zum Beispiel kann mit einer Hardwareschaltung die Überspannung des Zwischenkreiskondensators detektiert werden und über eine Zeitdauer von 100 µs kann der AKS gestellt werden, um einen Anstieg der Zwischenkreisspannung zu verhindern. Anschließend kann die optimale Steuerung, welche zusätzlich den AKS in den ersten 100 µs berücksichtigt, ausgeführt werden. Dadurch kann die Zwischenkreisspannung anfangs weniger ansteigen und die energieoptimale Steuerung überführt die PSM unter Berücksichtigung der Systemgrenzen in den sicheren Zustand.

- Falls mit verbundener Batterie der transiente Überstrom durch einen AKS verringert werden soll, ist zu erwarten, dass mit zwei oder drei optimalen Spannungszeigern, der Abstand zum Kurzschlussarbeitspunkt verringert werden kann und ein ausgeführter AKS einen kleineren transienten Überstrom verursacht. In diesem Fall kann ein OSP formuliert werden, dass nicht die PSM in den Kurzschlussarbeitspunkt steuert, sondern nur den Abstand in zwei oder drei Zeitschritten minimiert. Eine solche Formulierung wäre einfacher online zu lösen.

Die zweite Methode, stromprädiktives sicheres Abschalten, kann ebenfalls weiter untersucht und verbessert werden.

- Die Genauigkeit der Stromprädiktion kann mit genaueren Maschinenparametern verbessert werden. Dafür kann der Wertebereich der hinterlegten FEM-Daten der PSM erweitert werden. Erstens können die FEM-Daten für alle vier Quadranten in der dq-Stromebene erstellt werden. Zweitens sollten die FEM-Daten für zulässige transiente Überströme berechnet werden, da STO die Stromgrenze nicht berücksichtigt und daher die Stromprädiktion auch bei Überströmen funktionieren sollte.
- Die Auswahl der Lade- und Entladespannungszeiger könnte mithilfe eines Optimierers online erfolgen anstelle eines Zweipunktreglers mit einer festen Lade- und Entladespannungszeigerkombination. Zu jedem Zeitpunkt kann zwischen drei Ladespannungszeigers, drei Entladespannungszeigers und einem Nullzeigers ausgewählt werden. Ein Optimierer wählt im Steuergerät den richtigen Spannungszeiger aus und versucht zusätzlich den Statorstrom zu minimieren.

Literaturverzeichnis

[1] UN. Kyoto Protokoll, 1992. URL https://unfccc.int/resource/docs/convkp/kpger.pdf.

[2] UN. Übereinkommen von Paris, 2015. URL https://www.bmuv.de/fileadmin/Daten_BMU/Download_PDF/Klimaschutz/paris_abkommen_bf.pdf.

[3] EK. Der europäische Grüne Deal - Europäische Kommission, July 2021. URL https://commission.europa.eu/strategy-and-policy/priorities-2019-2024/european-green-deal_de.

[4] BRG. Neues Klimaschutzgesetz ist in Kraft | Bundesregierung, July 2024. URL https://www.bundesregierung.de/breg-de/themen/tipps-fuer-verbraucher/klimaschutzgesetz-2197410.

[5] EEA. EEA greenhouse gases — data viewer, April 2024. URL https://www.eea.europa.eu/en/analysis/maps-and-charts/greenhouse-gases-viewer-data-viewers.

[6] EUA. Statistics | Eurostat, 2022. URL https://ec.europa.eu/eurostat/databrowser/product/page/ENV_AIR_GGE.

[7] EK. Umsetzung des europäischen Grünen Deals - Europäische Kommission, July 2021. URL https://commission.europa.eu/strategy-and-policy/priorities-2019-2024/european-green-deal/delivering-european-green-deal_de.

[8] EK. Verkehr und Grüner Deal - Europäische Kommission, 2021. URL https://commission.europa.eu/strategy-and-policy/priorities-2019-2024/european-green-deal/transport-and-green-deal_de.

[9] New car registrations: +13.9% in 2023; battery electric 14.6% market share, January 2024. URL https://www.acea.auto/pc-registrations/new-car-registrations-13-9-in-2023-battery-electric-14-6-market-share/.

P. Wagner, *Optimale Regelung eines elektrischen Traktionsantriebs am Beispiel des sicheren Zustands*, Wissenschaftliche Reihe Fahrzeugtechnik Universität Stuttgart, https://doi.org/10.1007/978-3-658-50183-9

[10] KBA. Kraftfahrt-Bundesamt - Umwelt, August 2024. URL https://www.kba.de/DE/Statistik/Fahrzeuge/Neuzulassungen/Umwelt/n_umwelt_node.html.

[11] ADAC. Pkw-Neuzulassungen August 2024: E-Auto-Absatz bricht dramatisch ein, September 2024. URL https://www.adac.de/news/neuzulassungen-kba/.

[12] ACEA. New car registrations: -18.3% in August 2024; BEV market share down by almost one third, September 2024. URL https://www.acea.auto/pc-registrations/new-car-registrations-18-3-in-august-2024-bev-market-share-down-by-almost-one-third/.

[13] Impey Ben. Elektroautos - Verkäufe in Ländern Europas 2024, 2024. URL https://de.statista.com/statistik/daten/studie/429428/umfrage/anzahl-der-verkaeufe-von-elektroautos-nach-laendern-quartalszahlen/.

[14] Adrian König, Lorenzo Nicoletti, Daniel Schröder, Sebastian Wolff, Adam Waclaw, and Markus Lienkamp. An Overview of Parameter and Cost for Battery Electric Vehicles. *World Electric Vehicle Journal*, 12(1):21, March 2021. ISSN 2032-6653. doi: 10.3390/wevj12010021. URL https://www.mdpi.com/2032-6653/12/1/21.

[15] Matthew Liam De Klerk and Akshay Kumar Saha. A Comprehensive Review of Advanced Traction Motor Control Techniques Suitable for Electric Vehicle Applications. *IEEE Access*, 9:125080–125108, 2021. ISSN 2169-3536. doi: 10.1109/ACCESS.2021.3110736. URL https://ieeexplore.ieee.org/abstract/document/9530418.

[16] Hans-Christian Reuss. *Mikrorechner Für Die Vollständig Digitale Regelung von Permanentmagnet-Synchronservomotoren*. PhD thesis, TU Berlin, 1989.

[17] K. Choi, Y. Kim, S.-K. Kim, and K.-S. Kim. Auto-calibration of position offset for PMSM drives with uncertain parameters. *Electronics Letters*, 56(20): 1048–1051, 2020. ISSN 1350-911X. doi: 10.1049/el.2020.1669. URL https://onlinelibrary.wiley.com/doi/abs/10.1049/el.2020.1669.

[18] Jongwon Choi and Yoonjae Kim. Discontinuous Active Short Circuit Strategy for Improved Safe State of PMSMs. *IEEE Transactions on Transportati-*

on Electrification, 2024. ISSN 2332-7782. doi: 10.1109/TTE.2024.3387077. URL https://ieeexplore.ieee.org/document/10496307/?arnumber=10496307.

[19] Jiyu Zhang, Hongyang Yao, and Giorgio Rizzoni. Fault Diagnosis for Electric Drive Systems of Electrified Vehicles Based on Structural Analysis. *IEEE Transactions on Vehicular Technology*, 66(2):1027–1039, February 2017. ISSN 1939-9359. doi: 10.1109/TVT.2016.2556691. URL https://ieeexplore.ieee.org/abstract/document/7457309.

[20] André Veltman, Duco W. J. Pulle, and Rik W. de Doncker. *Fundamentals of Electrical Drives*. Power Systems. Springer, Dordrecht, 2007. ISBN 978-1-4020-5503-4.

[21] Rik De Doncker, Duco W.J. Pulle, and André Veltman. *Advanced Electrical Drives*. Power Systems. Springer Netherlands, Dordrecht, 2011. ISBN 978-94-007-0179-3 978-94-007-0181-6. doi: 10.1007/978-94-007-0181-6. URL http://link.springer.com/10.1007/978-94-007-0181-6.

[22] Dierk Schröder. *Elektrische Antriebe. 2: Regelung von Antriebssystemen*. Springer, Berlin, 3., bearb. aufl edition, 2009. ISBN 978-3-540-89612-8 978-3-540-89613-5.

[23] Aleksej Kiselev. *Modellbasierte prädiktive Regelung und Fehlererkennung für permanenterregte Synchronmaschinen*. PhD thesis, Universität Magdeburg, 2021. URL https://opendata.uni-halle.de//handle/1981185920/37526.

[24] Guido Walz, editor. *Lexikon der Mathematik: Band 4*. Springer, Berlin, Heidelberg, 2017. ISBN 978-3-662-53499-1 978-3-662-53500-4. doi: 10.1007/978-3-662-53500-4. URL http://link.springer.com/10.1007/978-3-662-53500-4.

[25] Hans-Jürgen Zimmermann. *Operations Research: Methoden und Modelle ; für Wirtschaftsingenieure, Betriebswirte, Informatiker*. Vieweg, Wiesbaden, 2., aktualisierte aufl edition, 2008. ISBN 978-3-8348-0455-6.

[26] Markos Papageōrgiu, Marion Leibold, and Martin Buss. *Optimierung: statische, dynamische, stochastische Verfahren für die Anwendung*. Springer

Vieweg, Berlin Heidelberg, 4., korrigierte auflage edition, 2015. ISBN 978-3-662-46935-4.

[27] Sebastien Gros and Moritz Diehl. Numerical Optimal Control. 2020.

[28] Hansjörg Kielhöfer. *Variationsrechnung*. Vieweg+Teubner, Wiesbaden, 2010. ISBN 978-3-8348-0965-0 978-3-8348-9670-4. doi: 10.1007/978-3-8348-9670-4. URL http://link.springer.com/10.1007/978-3-8348-9670-4.

[29] Daniel Liberzon. *Calculus of Variations and Optimal Control Theory: A Concise Introduction*. Princeton University Press, Princeton ; Oxford, illustrated edition edition, December 2011. ISBN 978-0-691-15187-8.

[30] Achim Koberstein. Progress in the dual simplex algorithm for solving large scale LP problems: Techniques for a fast and stable implementation. *Computational Optimization and Applications*, 41(2):185–204, November 2008. ISSN 1573-2894. doi: 10.1007/s10589-008-9207-4. URL https://doi.org/10.1007/s10589-008-9207-4.

[31] R.A. Bartlett, A. Wachter, and L.T. Biegler. Active set vs. interior point strategies for model predictive control. In *Proceedings of the 2000 American Control Conference. ACC (IEEE Cat. No.00CH36334)*, volume 6, pages 4229–4233 vol.6, June 2000. doi: 10.1109/ACC.2000.877018. URL https://ieeexplore.ieee.org/abstract/document/877018.

[32] Robin Verschueren, Niels van Duijkeren, Rien Quirynen, and Moritz Diehl. Exploiting convexity in direct Optimal Control: A sequential convex quadratic programming method. In *2016 IEEE 55th Conference on Decision and Control (CDC)*, pages 1099–1104, December 2016. doi: 10.1109/CDC.2016.7798414. URL https://ieeexplore.ieee.org/document/7798414.

[33] Andreas Wächter and Lorenz T. Biegler. On the implementation of an interior-point filter line-search algorithm for large-scale nonlinear programming. *Mathematical Programming*, 106(1):25–57, March 2006. ISSN 1436-4646. doi: 10.1007/s10107-004-0559-y. URL https://doi.org/10.1007/s10107-004-0559-y.

[34] Richard H. Byrd, Mary E. Hribar, and Jorge Nocedal. An Interior Point Algorithm for Large-Scale Nonlinear Programming. *SIAM Jour-*

nal on Optimization, 9(4):877–900, January 1999. ISSN 1052-6234. doi: 10.1137/S1052623497325107. URL https://epubs.siam.org/doi/10.1137/S1052623497325107.

[35] Thomas F. Coleman and Yuying Li. On the convergence of interior-reflective Newton methods for nonlinear minimization subject to bounds. *Mathematical Programming*, 67(1):189–224, October 1994. ISSN 1436-4646. doi: 10.1007/BF01582221. URL https://doi.org/10.1007/BF01582221.

[36] J. A. Nelder and R. Mead. A Simplex Method for Function Minimization. *The Computer Journal*, 7(4):308–313, January 1965. ISSN 0010-4620. doi: 10.1093/comjnl/7.4.308. URL https://doi.org/10.1093/comjnl/7.4.308.

[37] Winfried Hochstättler. *Algorithmische Mathematik*. Springer Berlin Heidelberg, 2010. URL https://rd.springer.com/book/10.1007/978-3-642-05422-8.

[38] Anil V Rao. A SURVEY OF NUMERICAL METHODS FOR OPTIMAL CONTROL. *Advances in the Astronautical Sciences*, page 33, 2022.

[39] Richard Bellman. The theory of dynamic programming. *Bulletin of the American Mathematical Society*, 60(6):503–515, 1954. ISSN 0002-9904, 1936-881X. doi: 10.1090/S0002-9904-1954-09848-8. URL https://www.ams.org/bull/1954-60-06/S0002-9904-1954-09848-8/.

[40] L. S. Pontryagin. *Mathematical Theory of Optimal Processes*. CRC Press, March 1987. ISBN 978-2-88124-077-5.

[41] Simona Onori, Lorenzo Serrao, and Giorgio Rizzoni. *Hybrid Electric Vehicles*. SpringerBriefs in Electrical and Computer Engineering. Springer, London, 2016. ISBN 978-1-4471-6779-2 978-1-4471-6781-5. doi: 10.1007/978-1-4471-6781-5. URL http://link.springer.com/10.1007/978-1-4471-6781-5.

[42] Felix Blaschke. *Das Verfahren Der Feldorientierung Zur Regelung Der Drehfeldmaschine*. Dissertatie 4 (Onderzoek NIET TU/e / Promotie NIET TU/e), Technische Universität Braunschweig, Braunschweig, December 1973.

[43] Tomasz Rudnicki, Robert Czerwiński, and Aleksander Fręchowicz. Permanent magnet synchronous motor control driver. In *Proceedings of the 18th International Conference Mixed Design of Integrated Circuits and Systems - MIXDES 2011*, pages 545–548, June 2011.

[44] Matheus Alexandre Bevilaqua, Ademir Nied, and José de Oliveira. Labview FPGA FOC implementation for synchronous Permanent Magnet Motor Speed Control. In *2014 11th IEEE/IAS International Conference on Industry Applications*, pages 1–8, December 2014. doi: 10.1109/INDUSCON.2014.7059427.

[45] Huthaifa Flieh, Robert D. Lorenz, Eigo Totoki, Shinichi Yamaguchi, and Yuichiro Nakamura. Dynamic loss minimizing control of a PM servomotor operating even at the voltage limit when using DB-DTFC. In *2017 IEEE Energy Conversion Congress and Exposition (ECCE)*, pages 3604–3611, October 2017. doi: 10.1109/ECCE.2017.8096640.

[46] Chan-Hee Choi, Jul-Ki Seok, and R. D. Lorenz. Deadbeat-direct torque and flux control for interior PM synchronous motors operating at voltage and current limits. In *2011 IEEE Energy Conversion Congress and Exposition*, pages 371–376, September 2011. doi: 10.1109/ECCE.2011.6063793.

[47] A.M. Hava, Seung-Ki Sul, R.J. Kerkman, and T.A. Lipo. Dynamic overmodulation characteristics of triangle intersection PWM methods. *IEEE Transactions on Industry Applications*, 35(4):896–907, July 1999. ISSN 1939-9367. doi: 10.1109/28.777199.

[48] Bon-Ho Bae and Seung-Ki Sul. A novel dynamic overmodulation strategy for fast torque control of high-saliency-ratio AC motor. *IEEE Transactions on Industry Applications*, 41(4):1013–1019, July 2005. ISSN 1939-9367. doi: 10.1109/TIA.2005.851042.

[49] Tobias Gemassmer, Jan Richter, Mathias Schnarrenberger, and Michael Braun. Dynamic overmodulation for highly dynamic current control of IPMSM with saturation characteristics. In *Automation and Motion 2014 International Symposium on Power Electronics, Electrical Drives*, pages 842–847, June 2014. doi: 10.1109/SPEEDAM.2014.6871979.

[50] F. Briz, M.W. Degner, and R.D. Lorenz. Analysis and design of current regulators using complex vectors. *IEEE Transactions on Industry Applications*, 36(3):817–825, May 2000. ISSN 1939-9367. doi: 10.1109/28.845057.

[51] P.D. Roberts. A brief overview of model predictive control. In *IEE Two-Day Workshop on Model Predictive Control: Techniques and Applications - Day 1 (Ref. No. 1999/095)*, pages 1/1–1/4, April 1999. doi: 10.1049/ic:19990529.

[52] Yernar Zhetpissov, Azamat Kaibaldiyev, and Ton Duc Do. PI anti-windup speed control of permanent magnet synchronous motor based on feedforward compensation. In *2018 ELEKTRO*, pages 1–8, May 2018. doi: 10.1109/ELEKTRO.2018.8398275.

[53] Tae-Suk Kwon and Seung-Ki Sul. Novel anti-windup of a current regulator of a surface-mounted permanent-magnet motor for flux-weakening control. In *Fourtieth IAS Annual Meeting. Conference Record of the 2005 Industry Applications Conference, 2005.*, volume 3, pages 1813–1819 Vol. 3, October 2005. doi: 10.1109/IAS.2005.1518692.

[54] D.Q. Mayne and H. Michalska. Receding horizon control of nonlinear systems. *IEEE Transactions on Automatic Control*, 35(7):814–824, July 1990. ISSN 1558-2523. doi: 10.1109/9.57020.

[55] F. Powell. Predictive adaptive control. *IEEE Transactions on Automatic Control*, 14(5):550–552, October 1969. ISSN 1558-2523. doi: 10.1109/TAC.1969.1099234.

[56] S. Joe Qin and Thomas A. Badgwell. A survey of industrial model predictive control technology. *Control Engineering Practice*, 11(7):733–764, July 2003. ISSN 0967-0661. doi: 10.1016/S0967-0661(02)00186-7. URL `https://www.sciencedirect.com/science/article/pii/S0967066102001867`.

[57] J. Richalet, A. Rault, J. L. Testud, and J. Papon. Model predictive heuristic control: Applications to industrial processes. *Automatica*, 14(5):413–428, September 1978. ISSN 0005-1098. doi: 10.1016/0005-1098(78)90001-8. URL `https://www.sciencedirect.com/science/article/pii/0005109878900018`.

[58] Mohammad AbuAli, Felix Berkel, Maximilian Manderla, Sven Reimann, Ralph Kennel, and Mohamed Abdelrahem. Deep Learning-Based Long-

Horizon MPC: Robust, High Performing, and Computationally Efficient Control for PMSM Drives. *IEEE Transactions on Power Electronics*, 37(10): 12486–12501, October 2022. ISSN 1941-0107. doi: 10.1109/TPEL.2022.3172681.

[59] IOS. ISO 26262-1:2011. URL https://www.iso.org/standard/43464.html.

[60] Hans-Leo Ross. *Functional Safety for Road Vehicles*. Springer International Publishing, Cham, 2016. ISBN 978-3-319-33360-1 978-3-319-33361-8. doi: 10.1007/978-3-319-33361-8. URL http://link.springer.com/10.1007/978-3-319-33361-8.

[61] Andreas Reschka. Sicherheitskonzept für autonome Fahrzeuge. In Markus Maurer, J. Christian Gerdes, Barbara Lenz, and Hermann Winner, editors, *Autonomes Fahren*, pages 489–513. Springer Berlin Heidelberg, Berlin, Heidelberg, 2015. ISBN 978-3-662-45853-2 978-3-662-45854-9. doi: 10.1007/978-3-662-45854-9_23. URL http://link.springer.com/10.1007/978-3-662-45854-9_23.

[62] Rolf Isermann. *Fault-Diagnosis Systems*. Springer, Berlin, Heidelberg, 2006. ISBN 978-3-540-24112-6 978-3-540-30368-8. doi: 10.1007/3-540-30368-5. URL http://link.springer.com/10.1007/3-540-30368-5.

[63] J. Garche and A. Jossen. Battery management systems (BMS) for increasing battery life time. In *TELESCON 2000. Third International Telecommunications Energy Special Conference (IEEE Cat. No.00EX424)*, pages 81–88, May 2000. doi: 10.1109/âĎąESC.2000.918409.

[64] Hossam A. Gabbar, Ahmed M. Othman, and Muhammad R. Abdussami. Review of Battery Management Systems (BMS) Development and Industrial Standards. *Technologies*, 9(2):28, June 2021. ISSN 2227-7080. doi: 10.3390/technologies9020028. URL https://www.mdpi.com/2227-7080/9/2/28.

[65] Bernhard Sofaly, Wolfgang Vitzthum, Dirk Schöneshöfer, and Dominik Füssel. Verfahren zum Betreiben eines Inverters eines elektrischen Fahrzeugantriebs, Deutsches Patentamt, DE102019217834A1, May 2021. URL https://patents.google.com/patent/DE102019217834A1/en?inventor=martin+hennen&oq=martin+hennen.

[66] Tino Merkel and Andreas Koenig. Vorrichtung und Verfahren zum Betreiben einer elektrischen Maschine, Europäisches Patentamt, EP3083321A1, October 2016. URL https://patents.google.com/patent/EP3083321A1/de.

[67] M. Meyer and J. Bocker. Transient peak currents in permanent magnet synchronous motors for symmetrical short circuits. In *International Symposium on Power Electronics, Electrical Drives, Automation and Motion, 2006. SPEEDAM 2006.*, pages 404–409, May 2006. doi: 10.1109/SPEEDAM.2006.1649806.

[68] L. Dedeleit, L. Brabetz, and M. Ayeb. Calculation and Analysis of Symmetrical Short Circuit Currents in Permanent Magnet Synchronous Machines. In *2019 IEEE 28th International Symposium on Industrial Electronics (ISIE)*, pages 238–243, June 2019. doi: 10.1109/ISIE.2019.8781160.

[69] Marc Rudolph, Tino Merkel, Günther Plapp, Andreas König, and Lingling Xie. Vorrichtung und Verfahren zum Betreiben einer elektrischen Maschine, Deutsches Patentamt, DE102013226564A1, June 2015. URL https://patents.google.com/patent/DE102013226564A1/en?oq=102013226564.

[70] Jun-ichi Itoh, Wataru Aoki, Goh Teck Chiang, and Akio Toba. Suppression method of rising DC voltage for the halt sequence of an inverter in the motor regeneration. In *2013 IEEE Energy Conversion Congress and Exposition*, pages 188–195, September 2013. doi: 10.1109/ECCE.2013.6646699.

[71] Aravind Ramesh Chandran and Martin Hennen. Schutzvorrichtung für ein elektrisches Antriebssystem, elektrisches Antriebssystem und Verfahren zum Betrieb eines elektrischen Antriebssystems, Deutsches Patentamt, DE102016223539A1, May 2018. URL https://patents.google.com/patent/DE102016223539A1/en?inventor=martin+hennen&oq=martin+hennen.

[72] Aravind Ramesh Chandran, Martin Hennen, and Antero Arkkio. Analytical investigation of DC link overvoltages during freewheeling for inverters in EV. *2016 IEEE Transportation Electrification Conference and Expo (ITEC)*, pages 1–6, June 2016. doi: 10.1109/ITEC.2016.7520209.

[73] Aravind Ramesh Chandran, Martin D. Hennen, Antero Arkkio, and Anouar Belahcen. Safe Turn-off Strategy for Electric Drives in Automotive Applications. *IEEE Transactions on Transportation Electrification*, pages 1–1, 2021. ISSN 2332-7782. doi: 10.1109/TTE.2021.3104461.

[74] Joachim Specovius. *Grundkurs Leistungselektronik: Bauelemente, Schaltungen und Systeme*. Studium. Vieweg + Teubner, Wiesbaden, 5 edition, 2011. ISBN 978-3-8348-1307-7 978-3-8348-1647-4.

[75] Maxime Berger, Olivier Côté, and Ahmed Chebak. Development of a DC-link protection system for regenerative braking of Electric Vehicle using a pseudo-cascade controlled IGBT chopper. In *2015 IEEE Transportation Electrification Conference and Expo (ITEC)*, pages 1–7, June 2015. doi: 10.1109/ITEC.2015.7165758.

[76] Jun Xie, Dustin Henneberg, Martin Suberski, Thomas Ellinger, Uwe Radel, and Jürgen Petzoldt. A Simplified Braking Method for Direct Matrix Converter-Fed PMSM Drives with Consideration of Avoiding Regenerative Energy. In *2022 24th European Conference on Power Electronics and Applications (EPE'22 ECCE Europe)*, pages 1–8, September 2022.

[77] Oliver Deiser and Caroline Lasser. *Erste Hilfe in Linearer Algebra*. Springer Berlin Heidelberg, Berlin, Heidelberg, 2015. ISBN 978-3-642-41626-2 978-3-642-41627-9. doi: 10.1007/978-3-642-41627-9. URL `http://link.springer.com/10.1007/978-3-642-41627-9`.

[78] Christophe Tricaud and YangQuan Chen. Time-Optimal Control of Systems with Fractional Dynamics. *International Journal of Differential Equations*, 2010:e461048, February 2010. ISSN 1687-9643. doi: 10.1155/2010/461048. URL `https://www.hindawi.com/journals/ijde/2010/461048/`.

[79] Robin Verschueren, Niels van Duijkeren, Jan Swevers, and Moritz Diehl. Time-optimal motion planning for n-DOF robot manipulators using a path-parametric system reformulation. In *2016 American Control Conference (ACC)*, pages 2092–2097, July 2016. doi: 10.1109/ACC.2016.7525227. URL `https://ieeexplore.ieee.org/document/7525227`.

[80] Nupur Tembhare. *Optimal Pulse Pattern into Predefined Target Operating Points of an Electric Traction*. Abschlussarbeit, Hochschule Stralsund, 2022.

[81] W. Kutta. Beitrag zur näherungsweisen Integration totaler Differentialgleichungen. *Zeitschrift für angewandte Mathematik und Physik*, 1901.

[82] C. Runge. Ueber die numerische Auflösung von Differentialgleichungen. *Mathematische Annalen*, 46(2):167–178, June 1895. ISSN 1432-1807. doi: 10.1007/BF01446807. URL `https://doi.org/10.1007/BF01446807`.

[83] Joel Andersson. *A General-Purpose Software Framework for Dynamic Optimization*. PhD thesis, Arenberg Doctoral School, KU Leuven, 2013.

[84] Joel Andersson, Joris Gillis, and Moritz Diehl. User Documentation for CasADi v3.4.4. Technical report, 2018. URL `https://web.casadi.org/support/`.

[85] Matlab. Find minimum of constrained nonlinear multivariable function - MATLAB fmincon - MathWorks Deutschland, 2024. URL `https://de.mathworks.com/help/optim/ug/fmincon.html`.

[86] Hanane Hemi, Jamel Ghouili, and Ahmed Cheriti. An Optimal Control Solved by Pontryagin's Minimum Principle Approach for a Fuel Cell/Supercapacitor Vehicle. In *2014 IEEE Electrical Power and Energy Conference*, pages 87–92, November 2014. doi: 10.1109/EPEC.2014.15. URL `https://ieeexplore.ieee.org/document/7051681`.

[87] Mario Sassano and Alessandro Astolfi. Combining Pontryagin's Principle and Dynamic Programming for Linear and Nonlinear Systems. *IEEE Transactions on Automatic Control*, 65(12):5312–5327, December 2020. ISSN 1558-2523. doi: 10.1109/TAC.2020.3021385. URL `https://ieeexplore.ieee.org/document/9186331`.

[88] Y. Wang, W. Xie, X. Wang, W. Yang, M. Dou, S. Song, and D. Gerling. Fast Response Model Predictive Torque and Flux Control With Low Calculation Effort for PMSMs. *IEEE Transactions on Industrial Informatics*, 15(10): 5531–5540, October 2019. ISSN 1941-0050. doi: 10.1109/TII.2019.2900116.

[89] Michèle-Ange Tobit Tonke. *Formulierung Und Lösen Eines Optimalsteuerungsproblems Eines Elektrischen Antriebs Mit Synchronmaschine*. Abschlussarbeit, Universität Stuttgart, 2022.

[90] Hans Rudolf Schwarz and Norbert Köckler. *Numerische Mathematik*. Studium. Vieweg + Teubner, Wiesbaden, 8., aktualisierte auflage edition, 2011. ISBN 978-3-8348-1551-4.

[91] Karl Heun. Neue Methoden zur approximativen Integration der Differentialgleichungen einer unabhängigen Veränderlichen. *Z. Math. Phys*, 45:23–38, 1900.

[92] Ingo Berg. Genauigkeit numerischer Integrationsverfahren - Schrittweite und Globaler Fehler, 2022. URL https://beltoforion.de/de/runge-kutta_vs_euler/index.php#idIntro.

[93] Valentin Crastan and Dirk Westermann. *Elektrische Energieversorgung 3: Dynamik, Regelung und Stabilität, Versorgungsqualität, Netzplanung, Betriebsplanung und -führung, Leit- und Informationstechnik, FACTS, HGÜ*. Springer Berlin Heidelberg, Berlin, Heidelberg, 2018. ISBN 978-3-662-49020-4 978-3-662-49021-1. doi: 10.1007/978-3-662-49021-1. URL https://link.springer.com/10.1007/978-3-662-49021-1.

[94] Andrea Saltelli and Paola Annoni. How to avoid a perfunctory sensitivity analysis. *Environmental Modelling & Software*, pages 1508–1517, December 2010. ISSN 1364-8152. doi: 10.1016/j.envsoft.2010.04.012. URL https://www.sciencedirect.com/science/article/pii/S1364815210001180.

[95] Angela Etzbach. *Performance-Analysen von Seriellen Und Parallelen Algorithmen Zur Bestimmung von Eigenwerten*. Interner Berich, Forschungszentrum Jülich - Zentralinstitut für Angewandte Mathematik, 2004. URL https://core.ac.uk/display/34918518?utm_source=pdf&utm_medium=banner&utm_campaign=pdf-decoration-v1.

[96] William H. Press, Saul A. Teukolsky, William T. Vetterling, and Brian P. Flannery. *Numerical Recipes 3rd Edition: The Art of Scientific Computing*. Cambridge University Press, USA, 3 edition, 2007. ISBN 978-0-521-88068-8.

[97] Al Kassem Jebai. *Sensorless Control of Synchronous Permanent Magnet Motors by Signal Injection*. PhD thesis, Ecole Nationale Supérieure des Mines de Paris, March 2013. URL https://pastel.archives-ouvertes.fr/pastel-00818400.

[98] K. Rothenhagen and F.W. Fuchs. Performance of diagnosis methods for IGBT open circuit faults in three phase voltage source inverters for AC variable speed drives. In *2005 European Conference on Power Electronics and Applications*, September 2005. doi: 10.1109/EPE.2005.219426.

[99] Jan Fuhrmann, Sebastian Klauke, and Hans-Guenter Eckel. IGBT and Diode Behavior During Short-Circuit Type 3. *IEEE Transactions on Electron Devices*, 62(11):3786–3791, November 2015. ISSN 1557-9646. doi: 10.1109/TED.2015.2477324.

[100] Tengfei Song, Zhenyang Zhang, Huijuan Liu, and WenLuan Hu. Multi-objective optimisation design and performance comparison of permanent magnet synchronous motor for EVs based on FEA. *IET Electric Power Applications*, 13(8):1157–1166, 2019. ISSN 1751-8679. doi: 10.1049/iet-epa.2019.0069. URL `https://onlinelibrary.wiley.com/doi/abs/10.1049/iet-epa.2019.0069`.

[101] Osman Bilgin and Fatih Alpaslan Kazan. The effect of magnet temperature on speed, current and torque in PMSMs. In *2016 XXII International Conference on Electrical Machines (ICEM)*, pages 2080–2085, September 2016. doi: 10.1109/ICELMACH.2016.7732809.

Kolibri 360 GmbH
Ferdinand-Jühlke-Straße 7
99095 Erfurt, Deutschland
produktsicherheit@kolibri360.de